地域防災と
ライフライン防護

博士（工学） 木下　誠也 著

コロナ社

は じ め に

　わが国では誰もが災害に巻き込まれる危険にさらされている。したがって，一人ひとりの住民が，地域の災害に対する脆弱性を認識し，災害の歴史に学んで防災知識を身に着けておき，いざというときには入手した情報を正しく理解し，適切な判断ができることが重要である。また，人的被害や建物被害などが生じた場合，救助の方法や生活を確保する方策なども知っておく必要がある。

　また，電気，ガス，上下水道，鉄道，道路，通信などのライフラインが被災すると，人々の生活や社会活動に大きな影響を及ぼすので，平時からライフラインについて理解を深めておくことも必要である。

　拙著『自然災害の発生と法制度』[†]では，自然災害の発生メカニズムと対策，そして災害に関する法制度を中心に防災対策を概観したが，本書では，地域の防災とライフラインに焦点を当てて防災対策を論じる。

　第Ⅰ部（1〜9章）では，過去の大災害を学び，地震・津波，気象，火山などの災害情報に関する知識を得るとともに，災害に対する国土の脆弱性や都市防災の問題を論じる。さらに，地域の防災活動の現状，災害応急対策や防災訓練・教育の現状を把握するとともに，重要な役割を担う市町村長の災害対処策を論じる。

　第Ⅱ部（10〜19章）では，震災時のライフラインの被災状況などをレビューしたうえで，道路，鉄道，港湾，空港，下水道，水道，電力，石油・ガス，そして情報通信について，整備の現状や防災に関する課題を明らかにする。

　2018年8月

木下　誠也

[†] 防災に関する理解をよりいっそう深めるためにも木下誠也：自然災害の発生と法制度，コロナ社（2018.5）を併せてご一読いただきたい。

目　　　次

第I部　地域の防災

1章　近年の大災害を振り返る

1.1　歴史上の大災害 …………………………………………………………… 1

1.2　関 東 大 震 災 …………………………………………………………… 4

1.3　阪神・淡路大震災 ………………………………………………………… 7

1.4　東日本大震災 ……………………………………………………………… 9

1.5　熊 本 地 震 …………………………………………………………… 12

2章　地震と津波の情報

2.1　地 震 情 報 …………………………………………………………… 14

2.2　津波警報・注意報，津波情報，津波予報 …………………………… 16

2.3　災害情報の伝達手段 ……………………………………………………… 18

　　2.3.1　防 災 行 政 無 線 …………………………………………………… 18

　　2.3.2　J ア ラ ー ト …………………………………………………… 21

3章　防災気象情報

3.1　気象の注意報，警報，特別警報 ……………………………………… 23

　　3.1.1　気 象 情 報 …………………………………………………… 23

　　3.1.2　注意報，警報，特別警報 …………………………………………… 23

3.2　土砂災害の情報 …………………………………………………………… 25

3.2.1　土砂災害危険箇所 ······················ 25
　　3.2.2　土砂災害警戒情報 ······················ 26

4章　火山の防災情報

4.1　火 山 の 監 視 ································· 28
4.2　噴火警報・予報 ····························· 28
4.3　火山ハザードマップと火山防災マップ ············· 31
4.4　火山災害警戒地域 ··························· 32

5章　脆弱な国土と都市防災

5.1　災害に対する脆弱性 ························· 33
　　5.1.1　脆 弱 な 国 土 ······················ 33
　　5.1.2　社会環境による脆弱性 ·················· 34
5.2　都 市 の 防 災 ·························· 39
　　5.2.1　防災・減災対策としての津波対策 ············ 39
　　5.2.2　密集市街地対策 ······················ 40
　　5.2.3　宅 地 防 災 対 策 ······················ 41
　　5.2.4　防災都市づくり計画 ···················· 45
　　5.2.5　住宅・建築物の耐震化 ·················· 47
　　5.2.6　都市の水害対策 ······················ 50

6章　地域の防災活動

6.1　自 主 防 災 組 織 ·························· 60
6.2　消防団・水防団 ···························· 67
　　6.2.1　消　　防　　団 ······················ 67
　　6.2.2　水　　防　　団 ······················ 68

7章　災害応急対策

7.1　救 急 ・ 救 護 ··························· 71
　　7.1.1　警 察 の 活 動 ······················ 71

7.1.2 消防の活動 ……………………………………………………72

7.1.3 自衛隊の活動 ……………………………………………73

7.1.4 国土交通省緊急災害対策派遣隊（TEC–FORCE）の活動 ……………73

7.2 災 害 救 助 ……………………………………………………74

7.2.1 災害対策基本法と災害救助法 ……………………………74

7.2.2 災害救助法による救助 ……………………………………75

7.3 罹災証明制度 ……………………………………………………79

8章 防災訓練・防災教育

8.1 防 災 訓 練 …………………………………………………83

8.2 防 災 教 育 …………………………………………………86

8.2.1 学校現場の防災教育 ………………………………………86

8.2.2 学校現場以外の防災教育 …………………………………87

9章 市町村長の災害対応

9.1 市町村長がなすべきこと ………………………………………88

9.1.1 市町村における災害対応『虎の巻』 ……………………89

9.1.2 水害サミットからの発信 …………………………………90

9.1.3 市町村のための水害対応の手引き ………………………94

9.2 避難勧告の発令など ……………………………………………97

第 II 部 ライフライン防護

10章 ライフラインの災害

10.1 ライフラインとは ……………………………………………102

10.2 阪神・淡路大震災におけるライフラインの被害と復旧 …………102

10.2.1 被 害 の 概 要 …………………………………………102

vi 目 次

10.2.2 災害対応の支障となったライフライン被害 ……………………104
10.3 東日本大震災におけるライフラインの被害と復旧 ……………………106
10.3.1 震 災 の 概 要 ……………………106
10.3.2 道 路 の 被 害 ……………………107
10.3.3 鉄 道 の 被 害 ……………………108
10.3.4 港湾・空港の被害 ……………………108
10.3.5 水道・下水道などの被害 ……………………109
10.3.6 電 力 へ の 影 響 ……………………110
10.3.7 ガス供給への影響 ……………………112
10.3.8 石油供給への影響 ……………………113
10.3.9 情報通信への影響 ……………………114

11章 道　　　路

11.1 道路整備の経緯と現状 ……………………116
11.1.1 道路整備の経緯 ……………………116
11.1.2 道路整備の制度と現状 ……………………117
11.2 道 路 の 防 災 ……………………119
11.2.1 道路のメンテナンス ……………………119
11.2.2 道路の震災対策 ……………………121
11.2.3 道路の雪対策 ……………………122
11.2.4 道路の豪雨対策 ……………………122
11.2.5 道 路 啓 開 ……………………124

12章 鉄　　　道

12.1 鉄道整備の経緯と現状 ……………………126
12.1.1 鉄道整備の経緯 ……………………126
12.1.2 鉄道整備の制度と現状 ……………………127
12.2 鉄道の安全対策 ……………………133
12.2.1 鉄 道 の 耐 震 化 ……………………134
12.2.2 新幹線の脱線・逸脱対策と早期地震検知システム ……………………135
12.2.3 鉄道の浸水防止対策 ……………………136

13章 港　　湾

13.1　港湾整備の経緯と現状 ……………………………………………… *138*

13.2　港 湾 の 防 災 …………………………………………………………… *140*

14章 空　　港

14.1　空港整備の経緯と現状 ……………………………………………… *142*

14.2　空 港 の 防 災 …………………………………………………………… *144*

15章 下　水　道

15.1　下水道整備の経緯と現状 …………………………………………… *147*

　　15.1.1　下水道整備の経緯 …………………………………………… *147*

　　15.1.2　下水道整備の制度と現状 …………………………………… *149*

15.2　下 水 道 の 防 災 ……………………………………………………… *153*

　　15.2.1　下水道の地震対策 …………………………………………… *153*

　　15.2.2　下水道による浸水対策 ……………………………………… *154*

16章 水　　道

16.1　水道整備の経緯と現状 ……………………………………………… *156*

　　16.1.1　水道整備の経緯 ……………………………………………… *156*

　　16.1.2　水 道 の 現 状 ………………………………………………… *158*

16.2　水道の安全対策 ……………………………………………………… *163*

　　16.2.1　水道施設の耐震化 …………………………………………… *163*

　　16.2.2　水道の水質汚染対策 ………………………………………… *165*

17章 電　　力

17.1　電力供給の歴史的経緯と電力需給の現状 ………………………… *169*

　　17.1.1　電力供給の歴史的経緯 ……………………………………… *169*

　　17.1.2　電力需給の現状 ……………………………………………… *171*

viii 目　　　　次

17.2　電力の安全対策 ……………………………………………………*173*

　　17.2.1　電気設備などに影響を及ぼす自然災害……………………*174*

　　17.2.2　東西の周波数変換設備や地域間連系線の強化……………*177*

18章　石　油　・　ガ　ス

18.1　石油・ガス供給の歴史的経緯と現状 ……………………………*178*

　　18.1.1　石油・ガス供給の歴史的経緯………………………………*178*

　　18.1.2　石油・ガス供給の現状………………………………………*180*

18.2　エネルギーの災害リスクなどへの対応 …………………………*183*

　　18.2.1　石油・LP ガスの供給網の対策 ……………………………*183*

　　18.2.2　都市ガスの対策………………………………………………*184*

19章　情　報　通　信

19.1　情報インフラ整備の現状 …………………………………………*185*

　　19.1.1　電気通信事業の現状 ………………………………………*185*

　　19.1.2　放送サービスの変遷と現状 ………………………………*186*

19.2　災害時の情報インフラ活用のあり方 ……………………………*188*

　　19.2.1　東日本大震災以降の情報インフラ …………………………*188*

　　19.2.2　東日本大震災と熊本地震を踏まえた情報インフラの活用のあり方…*190*

引用・参考文献 …………………………………………………………*193*

お　わ　り　に …………………………………………………………*216*

用　語　索　引 …………………………………………………………*217*

法　律　名　索　引 ……………………………………………………*219*

第Ⅰ部 地域の防災

1
近年の大災害を振り返る

　本章では，わが国でこれまでに発生した歴史上の大災害を振り返るととも
に，近年の代表的な災害について，災害対応に関する問題点に注目しつつ，被
害の概要を述べる。

1.1　歴史上の大災害

　地球上で起きる地震や火山噴火といった自然現象はさまざまな要因によりあ
る周期をもって発生する。**海溝型地震**は，数十年から数百年の周期で起きるこ
とが多いが，**活断層型地震**は，数千年から数万年の周期で起きることが多い。
火山噴火については，数百年から数千年，あるいは数万年から数十万年の間隔
で起きるものもある。

　また，地球の歴史においては，気温が上昇する時期もあれば下降する時期も
あり，自然に繰り返す気候変化のほかに，二酸化炭素の排出量増加などによる
温暖化が原因となる気候変化がある。このため，異常気象による洪水，高潮な
どの異常現象も，これまでたびたび発生している。

　繰り返し起きる自然災害については，少なくとも有史以降のものについて学
び，そこから教訓を得て，少しでも災害を減らす努力をしなければならない。

　わが国の歴史上の大災害を振り返ると，西暦 1000 年以前の著名な災害とし
て，貞観 11（869）年に発生した**貞観地震**が挙げられる。三陸沖を震源とした
$M8.3 \sim 8.6$ 程度の大地震で（M：マグニチュード），大津波をもたらした。平

成 23（2011）年に起きた東北地方太平洋沖地震と類似しており，東北地方太平洋沖地震は貞観地震の再来ともいわれている。貞観地震の 5 年前の貞観 6（864）年には富士山で溶岩流を噴出した貞観大噴火が起きており[1]†，貞観地震の 9 年後の元慶 2（878）年には関東地方に甚大な被害をもたらした $M7.4$ と推測される**相模・武蔵地震**が発生した。さらに，その 9 年後にあたる仁和 3（887）年には南海トラフ沿いを震源域とした**仁和地震**も発生している。863 年から 887 年の貞観期には，巨大災害が 25 年間続いた。現代であれば"想定外"といわれる規模の災害が立て続けに発生していたという歴史を知る必要がある。

西暦 1000 年以降もこのように巨大災害が続発する事態が発生している。慶長年間（1596 ～ 1615 年）には大地震の頻発が豊臣政権の凋落の時期と重なった。

元禄 16（1703）年には，大正 12（1923）年の大正関東地震（関東大震災）を上回る規模の**元禄地震**が発生するなど，頻発する大災害により，経済が活況を呈していた元禄時代が一変した[2]。その 4 年後の宝永 4 年 10 月（1707 年 10 月）には，南海トラフを震源域とする**宝永地震**が発生した。この地震から 49 日後の宝永 4 年 11 月（1707 年 12 月）には，富士山の**宝永噴火**が始まった[1]。この 2 年後に第 5 代将軍徳川綱吉が没し，宝永噴火から 9 年後に 8 代将軍徳川吉宗が享保の改革を開始した。

幕末の安政年間も大揺れの時代であった。安政元年 11 月（1854 年 12 月）には，**安政東海地震**が発生し，その 32 時間後の翌日にほぼ同じ地域を襲う**安政南海地震**が発生した[3]。さらに，安政 2 年 10 月（1855 年 11 月），東京湾北部を震源とする**安政江戸地震**が発生した[3]。特に下町で被害が大きく，江戸町方の被害は，潰れ・焼失 1 万 4 000 戸以上，死者 4 000 人以上といわれている。翌安政 3 年 8 月（1856 年 9 月）には，**江戸大暴風雨**が発生した。江戸城中をはじめ，諸大名の武家屋敷，大小の家まで損壊を免れたものはないほどであっ

---

† 　肩付き数字は巻末の引用・参考文献の番号を表す。

た。同時に東京湾を高潮が襲い，家が流されたり，溺死する者も多かった。壊れた家から出火した火災は雨中に延焼し，おびただしい死傷者が出た。死者は10万人以上との記録もある[4]。そして，安政5年2月（1858年4月）には，富山県と岐阜県の県境付近で内陸直下地震の**飛越地震**が発生した。政権の弱体化時期に頻発した大災害は，歴史の転換に大きな影響があったと見られる。

明治に入ってからも自然災害により多大な犠牲を生じた。明治24（1891）年10月に発生した**濃尾地震**のマグニチュードは，わが国の内陸地震としては最大級の$M8.0$であった。震源断層付近および濃尾平野北西部は現在の震度7に匹敵する強烈な揺れとなり，ほとんどの家屋が倒壊した地域もある。被害は岐阜県，愛知県を中心に発生し，倒壊家屋は14万戸以上，死者7000人以上という大災害になった[5]。

明治29（1896）年6月に三陸沖を震源とする$M8.2$の**明治三陸地震**が，岩手県を中心に北海道，東北地方を襲った[6]。地震に伴う大規模な津波により，三陸沿岸を中心に死者約2万2000人，流出，全半壊家屋1万戸以上というわが国津波災害史上最大の被害が発生した（**図1.1**）[7]。

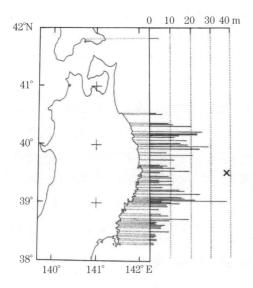

（もと出典，渡辺偉夫：日本津波被害総覧（第2版），p.103，東京大学出版会（1998）から抜粋）

図1.1 明治三陸津波の打上げ高
（出典：内閣府防災情報のページ：災害史・事例集＞災害教訓の継承に関する専門調査会＞報告書（1896明治三陸地震津波）[7]，p.30）

大正 12（1923）年には，1900 年代に入ってからのわが国最大の災害である
関東大震災が発生した。概要については後述する。

昭和以降の台風のうち特に被害の大きかった昭和 9（1934）年の室戸台風，
昭和 20（1945）年の枕崎台風，昭和 34（1959）年の伊勢湾台風の三つの台風
を**昭和の三大台風**と呼ぶことがある。**室戸台風**は，昭和 9（1934）年 9 月に高
知県室戸岬付近に上陸し，関西を通って日本海から三陸沖へ抜け，多くの建造
物が倒壊し，犠牲者は約 3 000 人に及んだ[8]。

枕崎台風は，昭和 20（1945）年 9 月に鹿児島県枕崎市付近に上陸し，観測
された最低海面気圧 916.1 ヘクトパスカルは，室戸台風の際に室戸岬（高知県
室戸市）で観測された 911.6 ヘクトパスカルに次ぐ低い値となった。猛烈な風
を伴い九州，四国，近畿，北陸，東北地方を通過して三陸沖へ進んだ。終戦後
間もないことで，特に原爆被災直後の広島県での被害が最も大きく，死者・行
方不明者は全国で約 3 800 人にのぼった[9]。

昭和 20 年 7 月の福井空襲による被災後の復興途上において，昭和 23（1948）
年 6 月，福井平野の浅い活断層を震源とする $M7.1$ の**福井地震**が発生した。震
度 7 を創設するきっかけとなった強い地震動により，住家の全壊率 100 ％の集
落が多数出現し，住家の全壊は 3 万 4 000 棟を超え，4 100 棟以上が焼失し，
死者は 3 769 人に及んだ。震災直後の同年 7 月には豪雨水害が発生し被害を拡
大させるという複合災害の様相を呈した[10]。

昭和 34（1959）年 9 月の**伊勢湾台風**は，和歌山県潮岬の西に上陸し，本州
を縦断，富山市の東から日本海に進み，北陸，東北地方の日本海沿いを北上
し，東北地方北部を通って太平洋側に出た。広い範囲で強風が吹き，紀伊半島
沿岸一帯と伊勢湾沿岸では高潮，強風，河川の氾濫により甚大な被害を受け，
特に愛知県，三重県を中心に，激しい暴風雨のもと，高潮により短時間のうち
に大規模な浸水が起こり，死者・行方不明者が 5 000 人を超えた[11]。

1.2　関 東 大 震 災

西暦 1900 年代に入ってからのわが国最大の災害は，**関東大震災**である。関

1.2 関東大震災

東大震災を引き起こした大正12(1923)年の関東地震は，多数の住宅を倒壊させたり土砂災害を引き起こす内陸の直下型地震と，津波を発生させることが多い海溝沿いの地震という二つのタイプの特徴を持つ地震である[12]。

この地震の本震は，大正12(1923)年9月1日の11時59分頃から始まり数十秒で止まった。$M7.9$とされているが，$M7.9 \sim 8.3$ともいわれている。本震の震源位置は，図1.2の▲で示す小田原付近であるが，図中の斜線部で示す小田原付近直下とそれに続いて三浦半島直下の2か所がほぼ10秒余りの時間差ですべった双子地震と考えられている。そして，その約3分後の12時1分に$M7.2$の余震，12時3分に$M7.3$の第二の余震が発生した。これら二つの余震を含めて，図中A1～A6に示すように，何と六つの余震が$M7$以上で，平成7(1995)年1月17日の兵庫県南部地震に匹敵する規模であった[13]。

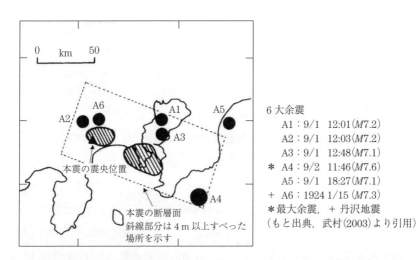

図1.2 関東大震災の本震の震源断層で大きくすべった部分と6大余震の震源位置との関係
(出典：内閣府防災情報のページ：災害教訓の継承に関する専門調査会＞災害教訓の継承に関する専門調査会報告書，1923関東大震災〈第一編 発災とメカニズム〉[14])

関東大震災における住家被害数と死者・行方不明者数を表1.1に示す。10万5000人以上が犠牲となり，火災による死者は9万1781人と全体の9割近くを占めた。住家全潰による死者は1万1086人と全体の1割を超えた。津波

表 1.1 関東大震災の被害

府県	住宅被害棟数〔戸〕							死者数（行方不明者含む）〔人〕				
	全潰	（うち）非焼失	半潰	（うち）非焼失	焼失	流失埋没	合計	住宅全潰	火災	流失埋没	工場などの被害	合計
神奈川県	63 577	46 621	54 035	43 047	35 412	497	125 577	5 795	25 201	836	1 006	32 838
東京府	24 469	11 842	29 525	17 231	176 505	2	205 580	3 546	66 521	6	314	70 387
千葉県	13 767	13 444	6 093	6 030	431	71	19 976	1 255	59	0	32	1 346
埼玉県	4 759	4 759	4 086	4 086	0	0	8 845	315	0	0	28	343
山梨県	577	577	2 225	2 225	0	0	2 802	20	0	0	2	22
静岡県	2 383	2 309	6 370	6 214	5	731	9 259	150	0	171	123	444
茨城県	141	141	342	342	0	0	483	5	0	0	0	5
長野県	13	13	75	75	0	0	88	0	0	0	0	0
栃木県	3	3	1	1	0	0	4	0	0	0	0	0
群馬県	24	24	21	21	0	0	45	0	0	0	0	0
合計	109 713	79 733	102 773	79 272	212 353	1 301	372 659	11 086	91 781	1 013	1 505	105 385
（うち）東京市	12 192	1 458	11 122	1 253	166 191	0	168 902	2 758	65 902	0	0	68 660
横浜市	15 537	5 332	12 542	4 380	25 324	0	35 036	1 977	24 646	0	0	26 623
横須賀市	7 227	3 740	2 514	1 301	4 700	0	9 741	495	170	0	0	665

（もと出典，諸井・武村，2004 より引用）

＊1 非焼失の全潰・半潰棟数は，焼失のほかに流失・埋没被害も受けていない全潰・半潰棟数である。

＊2 合計は全潰・半潰（非焼失）と焼失，流失埋没数の和。

（出典：内閣府防災情報のページ：災害教訓の継承に関する専門調査会＞災害教訓の継承に関する専門調査会報告書，1923 関東大震災〈第一編 発災とメカニズム〉[15]）

や土砂災害による死者は 1 ％ではあるが，1 000 人を超えた[16]。

当時の東京市 15 区の延焼は，市域全面積 79.4 km^2 のうち 34.7 km^2 に及んだ[17]。ちょうど新潟県付近にあった台風による強風で火災が拡大したほか，揺れや大津波，山崩れ，地盤の液状化による被害も大きい複合型の災害であった。当時はラジオもなく，人々は情報も得られず右往左往し，デマが流れ，朝鮮人が虐殺されるという不幸なことが起こった[18]。被害総額は，当時の GDP の 4 割を超える 55 ～ 65 億円といわれ，当時の国家予算（大正 11 年度 14 億 2 900 万円）の 4 ～ 5 倍にのぼった[19]。

首都は壊滅的な被害を受けたが，震災発生後 4 か月未満で予算を含めた具体的な復興計画が定まった。復興計画に基づいてなされた事業が，現在の東京下町の街の骨格を形成している。しかし，復興計画から非焼失区域が除外されたこと，幹線街路の幅員が当初の計画よりも縮小されたこと，仮設のバラック建築

が区画整理換地後も残されたことなど，防災上の観点から十分な復興計画とはいえず，その後の第二次世界大戦の空襲による大きな焼失被害につながった。

関東大震災が発生してから約21年後の昭和19（1944）年の4月18日，アメリカの空母から発進したB25爆撃機13機が東京を初空襲した。さらに，昭和19年11月24日にはサイパン島発進のB29爆撃機が東京を空襲し，以後B29による各都市への空襲が本格化した。東京に対する空襲は，終戦までに122回に及び，特に，昭和20（1945）年3月9日深夜から10日にかけての大空襲は，最も大きな被害を及ぼした。東京市の戦災の罹災面積は50.22 km^{2}となり，関東大震災の焼失面積より大きくなった。この中で，15区の戦災での罹災面積比率を関東大震災時と比べると，全体的に震災復興がなされた区では戦災罹災率が下がっている。

1.3　阪神・淡路大震災

平成7（1995）年1月17日午前5時46分，淡路島北淡町野島断層を震源とする M7.3の**兵庫県南部地震**が発生した。この地震による災害は**阪神・淡路大震災**と呼ばれ，**表1.2**に示すように死者・行方不明者が6 437人にのぼる大きな被害を及ぼした。高速道路の倒壊や鉄筋コンクリートビルを含む建物の倒壊や大規模な火災が世界に衝撃を与えた。

地震発生前には，六甲・淡路島断層帯主部淡路島西岸区間（野島断層を含む区間）の平均活動間隔は約1 700〜3 500年であり，地震発生確率は30年以内に0.02〜8％とされていた[20]。地域の人々にとって想定外の地震であった。ちょうど1年前の1994年1月17日にロサンゼルス・ノースリッジ地震が発生して，高架道路が倒壊した際に，多くの人は日本の土木構造物はそのように容易に壊れることはないと信じていた。しかし，この阪神・淡路大震災により「技術神話」が崩壊したともいわれた。

この地震における行政対応の不備が目立ち，多くの批判が起きた。阪神・淡路大震災では，国土庁（当時）が気象庁から地震情報をファックス（FAX）受信したのが6時7分，非常災害対策本部が設置されたのが発災から4時間を

表1.2 阪神・淡路大震災の人的・物的被害など

人的被害	死　者		6 434 人	非住家	公共建物	1 579 棟
	行方不明者		3 人		その他	40 917 棟
	負傷者	重　傷	10 683 人	文教施設		1 875 か所
		軽　傷	33 109 人	道　路		7 245 か所
		合　計	43 792 人	橋　梁		330 か所
住宅被害	全　壊		104 906 棟	河　川		774 か所
			186 175 世帯	崖崩れ		347 か所
	半　壊		144 274 棟	ブロック塀など		2 468 か所
			274 182 世帯	水道断水		約 130 万戸[*1]
	一部破損		390 506 棟	ガス供給停止		約 86 万戸[*2]
	合　計		639 686 棟	停　電		約 260 万戸[*2]
				電話不通		30 万回線超[*3]

　＊1：厚生省調べ，＊2：資源エネルギー庁調べ，＊3：郵政省調べ。
　水道断水，ガス供給停止，停電，電話不通については，ピーク時
　の数である。
　（出典：総務省 消防庁ホームページ：阪神・淡路大震災について
　（確定報）（平成 18 年 5 月 19 日）[21]）

超える 10 時 4 分であった[22]。国土庁では民間警備会社派遣の要員の連絡で，6
時 45 分から担当職員が登庁しはじめ，警察庁，消防庁などから被害情報の収
集を開始したとのことである。国土庁が独自に情報収集手段を持たず，関係省
庁からの情報の集約を十分に行えなかったことから，情報が官邸に十分伝わら
なかったと考えられる[23]。警察，自衛隊，消防，海上保安庁などの行政機関が
発災直後から情報収集などの初動対応を開始した一方で，被災地からの確定情
報が必ずしも十分でないことなどから，迅速な初動対応に支障をきたしたとい
われている[24]。平成 13（2001）年の省庁再編においては，防災に関する内閣
の機能強化のため，国土庁防災局は内閣府に移され，国の防災部門が内閣府に
位置付けられた。

　兵庫県については，県災害対策本部の事務局となる消防交通安全課の防災係
長が午前 6 時 45 分，芦尾副知事が 6 時 50 分ごろ登庁した。電話がつながらな
いため情報が不足していたが，大きな被害が広範囲に及ぶと考え，県災害対策
本部を 7 時に設置した。貝原俊民知事は中央区の自宅で被災しており，登庁で

きたのは発災から2時間35分後の8時20分頃であった。8時30分の第1回本部会議開催時までに本庁舎に出勤できたのは数人であった[25]。

市町村については，松下 勉 伊丹市長（10分），宮田良雄 尼崎市長（25分），小久保正雄 北淡町長（30分）らが発災後30分以内に登庁したが，正司泰一郎 宝塚市長が3時間35分，馬場順三 西宮市長が4時間45分と，交通渋滞のために登庁に時間を要したケースがあった[26]。

阪神・淡路大震災の教訓を踏まえて，『災害対策基本法』の改正，防災基本計画の抜本的な修正，それを踏まえた関係機関における防災業務計画の見直しなどが行われたほか，地方公共団体においても，地域防災計画の見直し，防災体制の整備などが進められた[24]。

1.4 東日本大震災

平成23（2011）年3月11日，14時46分，モーメントマグニチュード（Mw）9.0の**東北地方太平洋沖地震**が発生した。震源域は，岩手県沖から茨城県沖までの南北約450 km，東西約200 kmに及んだ[27]。被害状況を**表1.3**に示す。

地震発生前には，M7.5前後の宮城県沖地震が30年以内に99％の確率で発

表1.3 東日本大震災の被害状況

人的被害	死 者	19 630 人	住家被害	床上浸水	1 628 棟
	行方不明者	2 569 人		床下浸水	10 075 棟
	負傷者	6 230 人		合 計	1 158 976 棟
住家被害	全 壊	121 781 棟	非 住 家	公共建物	14 555 棟
	半 壊	280 962 棟		その他	92 037 棟
	一部破損	744 530 棟	火 災		330 件

＊1　人的被害，住家被害および非住家被害は平成30年3月1日現在，火災の発生状況は平成24年7月5日確定値。

＊2　被害状況には，2011（平成23）年東北地方太平洋沖地震の余震による被害のほか，2011年3月11日以降に発生した余震域外の地震による被害の区別が不可能なものを含む。

（消防庁災害対策本部：2011（平成23）年東北地方太平洋沖地震（東日本大震災）について（第157報）（2018年3月7日（水）14時00分）http://www.fdma.go.jp/bn/higaihou/pdf/jishin/157.pdf の情報をもとに表を作成）

生すると予測されていたが[28]，東北地方太平洋沖地震は，宮城県沖地震で想定していた震源域を大きく越える少なくとも四つの震源域にまたがる大規模断層破壊によるものであったと考えられる．

東日本大震災においては，災害対応の違いによって被害の程度が大きく異なった事例が多数見られた．事前対応の違いによるものとしては，例えば，津波による深刻な被害を受けた地域が多数ある中で，岩手県の久慈市の北に位置する九戸郡洋野町は，明治三陸津波に対応する堤防整備が完了していた（図1.3）ため，津波による浸水がほとんどなく，岩手・宮城・福島3県の海岸に面する市町村の中で唯一死傷者数がゼロであった．

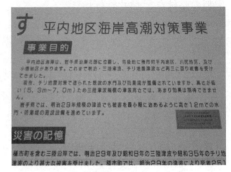

図1.3 洋野町平内地区の海岸堤防整備状況（平成23年5月筆者撮影）

また，岩手県下閉伊郡普代村では，海面からの高さ15.5 mの水門と堤防が村を救った（図1.4）．津波は到達時に水門を少し越えて水門の上流側の管理橋が破損したが，住宅などに浸水の被害はなかった．津波が来る前に，港に船を見るために堤防の外に行ったとみられる男性が行方不明になったほかは，死者はない[29]．

一方，岩手県宮古市の田老地区は，高さ10 m，総延長約2433 mのX字形の防潮堤が整備されていたが，高さ約16 mの津波は防潮堤を越え甚大な被害をもたらした．明治29（1896）年の津波高さ15 mの明治三陸大津波や，昭和8（1933）年の昭和三陸津波で旧田老村は壊滅的な被害を受け，昭和32（1957）年度に陸側の防潮堤1350 mを完成させ，昭和35（1960）年に高さ3～6 m

1.4 東日本大震災

　　　　（a）海岸堤防　　　　　　　　　　（b）水　門

　　　図1.4　普代村の海岸堤防と水門（平成23年5月筆者撮影）
（写真：左は平成23年5月筆者撮影，右は中央防災会議 東北地方太平洋沖地震を教訓と
した地震・津波対策に関する専門調査会（第3回）資料2[30]より）

のチリ地震津波が起きたが，防潮堤があった場所は大きな被害を免れた。昭和53（1978）年度に，海側の防潮堤1 083 mも整備完了したが，これが逆に津波に対する油断を招く結果となった[31]。

　東北地方沿岸部で大津波による大きな被害が起きた中で，岩手県の釜石市立釜石東中学校と鵜住居小学校の児童・生徒約570人が無事避難に成功した。地震発生後，訓練どおりに全員が校庭に集まると，すぐに「ございしょの里（指定避難場所）」に向かった。小学生の児童たちが合流すると，生徒たちはこれまでの訓練どおり，小学生の手を引きながら，さらに500 m先の高台にある介護福祉施設を目指した。介護福祉施設に到着すると，施設の裏手から津波による轟音が響き渡った。子供たちはさらにその上の国道に向かって無我夢中で走り，国道沿いの石材店まで辿り着いた。避難開始から30分足らずで，目の前には，見慣れた街並みが津波にのまれ，押し流されていく信じられない光景が広がっていた[32]。

　避難ができないための明暗を分けたのが，津波で児童と教職員84人が犠牲となった宮城県石巻市立大川小学校の悲劇である。教室にいた児童は机の下に隠れて揺れが収まるのを待った後，担任らの指示で校庭へ避難した。大川小は市の避難場所に指定されているので，校庭に出るのがまずは最善と思われた。

校庭からしばらく移動せず午後3時33〜34分頃になって教職員は北上川に架かる新北上大橋の向こうにある三角地帯への移動を誘導し，県道に出ようとしたが，県道にさしかかった辺りで，一部の児童が新北上大橋の方向からの津波を目撃し，あわてて来た道を戻った。直後に陸上を遡ってきた津波が一帯を襲った[33]。校舎の西脇にある裏山に逃げていれば救われる可能性があったと悔まれている。

1.5 熊 本 地 震

平成28（2016）年4月に震度7の揺れが2回も発生した**熊本地震**も地域にとって想定外であった。熊本では，127年前の明治22（1889）年に死者20人となった$M6.3$の地震以来の大きな地震は起きていなかった。九州中部で$M6.8$以上の地震が30年以内に発生する確率を18〜27％としていて，熊本県は企業立地ガイドで，「熊本地域は過去120年間$M7$以上の地震は発生していない安全地帯」，「地震保険の保険料は全国で最低ランク」と宣伝していたし，熊本市が東日本大震災を踏まえて全面改訂した『わが家の防災マニュアル』で想定していたのは，震度6強までの地震であった。被害状況を**表1.4**に示す。

表1.4 熊本地震の被害状況（各県からの報告）

都道府県名	人的被害			住宅被害					非住宅被害		火 災
	死 者	負傷者		全 壊	半 壊	一 部 破 損	床 上 浸 水	床 下 浸 水	公 共 建 物	その他	
		重 傷	軽 傷								
	人	人	人	棟	棟	棟	棟	棟	棟	棟	件
山口県						3					
福岡県		1	16		4	251					
佐賀県		4	9			1				2	
長崎県						1					
熊本県	236	1 156	1 553	8 662	34 239	152 111	114	156	439	11 092	15
大分県	3	22	22	9	222	8 062				62	
宮崎県		5	5		2	39					
合 計	239	1 188	1 605	8 671	34 467	160 468	114	156	439	11 156	15

（出典：熊本県熊本地方を震源とする地震（第104報）平成29年7月14日11時00分 消防庁応急対策室[34]）

1.5 熊 本 地 震

南阿蘇村で幅 200 m, 長さ 700 m の大規模な斜面崩壊が発生し, 阿蘇大橋が崩落したが, これも想定外であった。平成 11（1999）年の広島豪雨による広範囲な土砂災害を契機に, 平成 13（2001）年に『土砂災害防止法』（土砂災害警戒区域等における土砂災害防止対策の推進に関する法律）が制定され, 全国で土砂災害警戒区域が指定されていたが, 阿蘇大橋付近は指定されていなかった。

この斜面崩壊によって国道 57 号・325 号が通行止め, JR 豊肥線が運転休止となった。当地区で新たに国直轄の砂防事業による斜面対策に着手したほか, 国道 325 号阿蘇大橋についても直轄代行による整備に着手した。また, 政府は, 熊本地震による災害を平成 28（2016）年 5 月に『大規模災害復興法』に基づく非常災害に指定し, 地方公共団体が管理する橋やトンネル, 道路などの復旧工事を国が代行できるようになった[35]。

また, この地震で宇土市, 八代市, 人吉市, 大津町, 益城町の 5 市町の庁舎が損壊で使用不能となった。益城町では町役場から車で 5 分ほどのところにある総合体育館が, 前震で天井のパネル照明が 2 ～ 3 枚ほど剥げていたため, 避難に利用せず立入り禁止にした。そのおかげで本震ではパネル照明がすべて落ちたが, 被害者を出さずに済んだ。避難者からの要請に応じて前震の後すぐに避難所として利用していたらたいへんな二次被害が起きるところであった。

熊本地震の発生は 4 月であったが, 6 月から 10 月の雨の多い時期であったら, 水害などを伴うもっと深刻な複合災害になっていたと思われる。白川と緑川の国が管理している河川区間だけで 171 か所の堤防などが被災したが, 5 月末までに復旧し, 洪水による大きな被害を免れた[36]。

2

地震と津波の情報

　本章では，地震および津波に関する情報について解説し，津波警報・注意報，津波情報，津波予報などが改善された経緯を述べるとともに，災害情報の伝達手段について現状と課題を述べる。

2.1　地　震　情　報

　気象庁は，地震発生後，地震および津波に関する情報を図 **2.1** の流れに従って発表している。

　緊急地震速報は，地震の発生直後に，各地への強い揺れの到達時刻や震度を予想し，可能な限り早く知らせる情報である[37]。

　平成 7（1995）年兵庫県南部地震を契機に高感度地震計が設置されるようになって，平成 16（2004）年に緊急地震速報の一部試験運用が開始された。平成 19（2007）年 10 月からは一部の離島を除いた国内ほぼ全域の住民を対象とした一般提供が開始された。

　緊急地震速報には，「警報」と「予報」の 2 種類がある。「緊急地震速報（警報）」（または単に「緊急地震速報」）は，地震波が 2 点以上の地震観測点で観測され，最大震度 5 弱以上の揺れが予想されたときに，強い揺れが予想される地域に対し地震動により重大な災害が起こるおそれのある旨を警告して発表するものである。発表する内容は，地震が発生した場所や，震度 4 以上の揺れが予想された地域名称などである。震度 6 弱以上の揺れが予想される場合については特別警報に位置付けている。

　「緊急地震速報（予報）」は，最大震度 3 以上または $M3.5$ 以上などと予想されたときに発表するものである。発表する内容は，地震の発生時刻，地震の発

2.1 地震情報

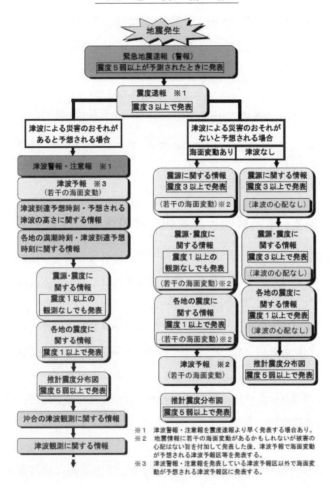

図 2.1　地震および津波に関する情報
(出典：国土交通省 気象庁ホームページ：地震情報について[38])

生場所(震源)の推定値，地震の規模(マグニチュード)の推定値，予測される最大震度が震度3以下のときは予測される揺れの大きさの最大(最大予測震度)，予測される最大震度が震度4以上のときは地域名に加えて震度4以上と予測される地域の揺れの大きさ(震度)の予測値(予測震度)やその地域への大きな揺れ(主要動)の到達時刻の予測値(主要動到達予測時刻)である[39]。

　緊急地震速報には，全国約270か所の地震計に加え，国立研究開発法人防

災科学技術研究所の地震観測網（全国約800か所）を利用している。多くの地震計のデータを活用することで，地震が起きたことを素早くとらえることができる。

地震の揺れが震源から波となって地面を伝わっていく地震波にはP波（primary waves）とS波（secondary waves）があり，P波のほうがS波より速く伝わるが，強い揺れにより大きな被害をもたらすのはおもにS波である。この地震波の伝わる速度の差を利用して，P波を検知した段階でS波が伝わってくる前に速報が可能となる[40]。

2.2　津波警報・注意報，津波情報，津波予報

東日本大震災の際の津波の高さの予測が過小であったことが住民の避難の遅れなどにつながったとの反省のもとに，津波警報などの発表方法は大幅に見直された。

東日本大震災においては，地震発生3分後に発表した津波警報の第1報において推定した地震規模（$M7.9$）を過小評価（最終的には$M9.0$と推定）し，この地震規模をもとに予測した津波の高さも岩手県・福島県3m，宮城県6mと，実際に観測された津波の高さより大幅に低かったため，住民は過去の経験などから防潮堤を越えることはないと思ってしまい，避難の遅れにつながったと思われる。

また，GPS波浪計のデータに基づき地震発生の28分後に津波警報の更新が行われ，宮城県10m以上，岩手県・福島県6mと予想したが，より沖合に設置しているケーブル式海底水圧計（津波計）のデータを更新に反映させる方法が不十分であった。気象庁では，ブイを利用した海底津波計をケーブル式海底水圧計よりさらに沖合に設置して，沖合津波観測のデータ利用を進めることとしている[41]。

地震のマグニチュード（M）は，通常は地震計で観測される波の振幅から計算されるが，規模の大きな地震になると岩盤のずれの規模を正確に表せない。これに対してモーメントマグニチュード（$M\mathrm{w}$）は物理的な意味が明確で，大

2.2 津波警報・注意報, 津波情報, 津波予報 17

きな地震に対しても有効である。東日本大震災の際には, 地震発生約 15 分後に計算されるモーメントマグニチュードが, 大きな揺れによって国内のほぼすべての広帯域地震計の測定範囲を超えてしまい計算できなかった。気象庁が $M9.0$ としたのは発生から 2 日後であった。その後, 強く長い周期の揺れでも振り切れない広帯域強震計が全国に整備され, $M9$ クラスでも 15 分程度で地震の規模がつかめるようになった。

現在は, 巨大な地震の可能性を評価, 判定する手法を用意し, 地震の発生直後, 即時に決定した地震の規模が過小であると判定した場合には, その海域における最大級の津波を想定し, 大津波警報や津波警報を発表する。巨大地震が発生した場合は, 最初の津波警報 (第 1 報) では, 予想される津波の高さを, 「巨大」, 「高い」ということばで発表して非常事態であることを伝える。

そして, 巨大地震の場合でも, 地震発生から 15 分ほどで精度の良い地震の規模が把握できるので, 5 段階の数値での発表に切り替える。地震の発生直後から精度良く地震の規模が求まった場合は, 初めから 5 段階の数値で発表する (従来は, 0.5, 1, 2, 3, 4, 6, 8 m, 10 m 以上の 8 段階)。

陸域への浸水被害が生じる 1 m 超を**津波警報**, 木造家屋の流失・全壊率が急増する 3 m (浸水深 2 m に対応) 超を**大津波警報**とする発表基準は従来と同様である (**表 2.1**)[41],[42]。

津波は何度も繰り返し来襲するが, 最初の津波が最大であるとは限らず, 後続波が大きくなることが多い。津波の第 1 波の観測値が小さい場合に, 今回の津波は小さいものとの誤解を与えるおそれがある。東北地方太平洋沖地震の際も, 津波情報で発表した津波の観測結果「第 1 波 0.2 m」などを見聞きして大した津波ではないと受け取り, 避難の遅れや中断につながった例があった。このため, 津波の第 1 波については, 到達した時刻と「押し波」か「引き波」かのみを発表し, 最大波については, 観測された津波の高さが予想の津波高さ区分より十分小さい場合は「観測中」との定性的表現で発表することに改められた。また, 発表にあたって, すでに最大波が観測されたと誤解を与えないよう「これまでの最大波」と表現することとした[41],[42]。詳細は, 気象庁ホームペー

表 2.1 津波警報・注意報の種類

種類	発表基準	発表される津波の高さ		想定される被害と取るべき行動
		数値での発表（津波の高さ予想の区分）	巨大地震の場合の発表	
大津波警報*	予想される津波の高さが高いところで3mを超える場合。	10m超（10m＜予想高さ） 10m（5m＜予想高さ≦10m） 5m（3m＜予想高さ≦5m）	巨大	木造家屋が全壊・流失し，人は津波による流れに巻き込まれます。沿岸部や川沿いにいる人は，ただちに高台や避難ビルなど安全な場所へ避難してください。
津波警報	予想される津波の高さが高いところで1mを超え，3m以下の場合。	3m （1m＜予想高さ≦3m）	高い	標高の低いところでは津波が襲い，浸水被害が発生します。人は津波による流れに巻き込まれます。沿岸部や川沿いにいる人は，ただちに高台や避難ビルなど安全な場所へ避難してください。
津波注意報	予想される津波の高さが高いところで0.2m以上，1m以下の場合であって，津波による災害のおそれがある場合。	1m （0.2m≦予想高さ≦1m）	（表記しない）	海の中では人は速い流れに巻き込まれ，また，養殖いかだが流失し小型船舶が転覆します。海の中にいる人はただちに海から上がって，海岸から離れてください。

＊　大津波警報は，特別警報に位置付けられている。
（出典：国土交通省 気象庁ホームページ：知識・解説＞津波警報・注意報，津波情報，津波予報について[42]）

ジ[42]を参照されたい。

2.3　災害情報の伝達手段

2.3.1　防災行政無線

　内閣府，消防庁，気象庁共同による「平成23（2011）年東日本大震災における避難行動等に関する面接調査（住民）」の結果によると，岩手県，宮城県，福島県において避難するまでの間に津波情報や避難の呼びかけなどを見聞きしたと回答した人はほぼ半数に留まっているが，住民のおもな情報の入手先とし

2.3 災害情報の伝達手段

ては約半数の人が**防災行政無線**から情報を入手している（**図 2.2**）[43),44)]。

その一方で，防災行政無線による避難の呼びかけを聞き取れなかったとという人が 20 ％で，はっきり聞き取ることができた人は 56 ％である（**図 2.3**）。

市町村防災行政無線は，同報系と移動系の 2 種類に大別される。同報系防災

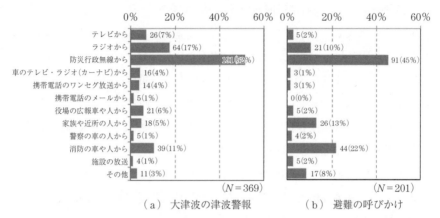

（もと出典：平成 23 年度東日本大震災における避難行動等に関する面接調査（住民）/内閣府，気象庁，消防庁）
（出典：災害時の避難に関する専門調査会 津波防災に関するワーキンググループ：第 2 回会合 資料 2-3 東日本大震災を踏まえた検討事項整理 – 各検討事項の検討視点（案）– [43)]）

図 2.2 災害情報の入手手段

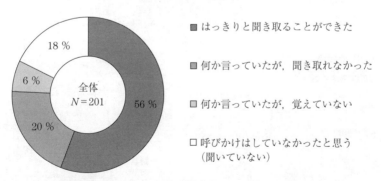

図 2.3 防災行政無線による避難の呼びかけの聞き取り状況
（出典：東北地方太平洋沖地震を教訓とした地震・津波対策に関する専門調査会 第 7 回会合 参考資料 1 平成 23 年東日本大震災における避難行動等に関する面接調査（住民）単純集計結果[45)]）

行政無線とは，屋外拡声器や戸別受信機を介して，市町村役場から住民らに対して直接・同時に防災情報や行政情報を伝えるシステムであり，移動系防災行政無線とは，車載型や携帯型の移動局と市町村役場との間で通信を行うものである．同報系が市町村役場（行政機関）と住民との通信手段であるのに対して，移動系は主として行政機関内の通信手段である[46]．

消防庁の平成23（2011）年7月アンケート調査によると，岩手・宮城・福島3県の全市町村での防災行政無線同報系の整備率は75％（96/128市町村）であり，うち太平洋沿岸市町村の整備率は95％（35/37市町村）であった．そして，37の太平洋沿岸市町村のうちアンケートに回答のあった27市町村の中で，26市町村は津波警報発令後に放送を実施したが，1市町村において地震により電気系統が故障して放送できなかった[47]．

災害時に情報を住民へ正確かつ確実に伝達するため，市町村においては防災行政無線の未整備地区を解消し，設備の耐震化，無線の非常用電源の容量確保，デジタル化などが行われることが重要である[48]．

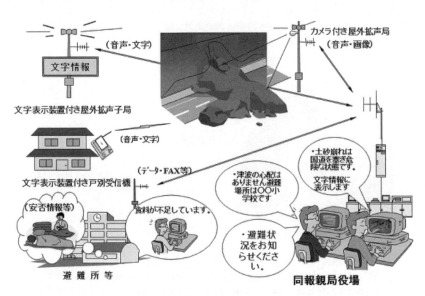

図 2.4　市町村デジタル同報無線システムの活用イメージ
（出典：総務省ホームページ：防災行政無線とは・市町村防災行政無線のデジタル化[46]）

デジタル化は，双方向通信，データ通信などを可能とし，画像による災害情報の収集，避難場所などとの情報交換，文字表示板による防災行政情報の周知など多様な情報提供ニーズに対応することを可能にする[49]（図 **2.4**）。市町村防災行政無線の整備率は，平成 29 年 3 月末現在，同報系は 78.9 %，移動系は 70.9 %であるが，平成 13 年度から導入を開始したデジタル方式の整備率は同報系が 50.3 %，移動系が 22.2 %に留まっている[46),50]。

2.3.2 Jアラート

通信手段の多様化の観点から，防災行政無線のみならず，Ｊアラートの活用とともに，コミュニティ FM，エリアメール・緊急速報メール，衛星携帯電話など多様な伝達手段を確保することが望ましい[48]。

Ｊアラート（J–ALERT）とは**全国瞬時警報システム**の通称であり，弾道ミサイル情報，津波情報，緊急地震速報など，対処に時間的余裕のない事態に関する情報を，人工衛星を用いて国（内閣官房・気象庁から消防庁を経由）から送信し，市区町村の同報系の防災行政無線等を自動起動することにより，国から住民まで緊急情報を瞬時に伝達するシステムである（図 **2.5**）。

平成 19（2007）年に 4 市町村に導入されて緊急地震速報の送信が開始され

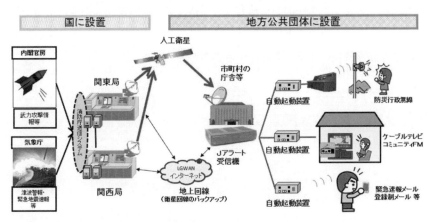

図 **2.5** Ｊアラートの概念図
（出典：消防庁のホームページ：J–ALERT の概念図[51]）

た。平成 22（2010）年 12 月にシステムの高度化が完了し，未整備の市町村への整備を開始した。平成 26（2014）年までにすべての地方公共団体で受信機の整備を完了し，平成 28（2016）年までに自動起動装置もすべての地方公共団体で整備を完了した[52]。

なお，平成 23（2011）年に東日本大震災が発生した当時，消防庁が実施した福島県内の 59 市町村を除く全国 1 691 の地方公共団体を対象としたアンケート調査によると，773 団体（46 %）が J アラートを運用し，J アラートの受信機と防災行政無線などの自動起動機を運用していたのは 382 団体（22 %）であった[53]。岩手県および宮城県については，全 69 団体のうち 33 団体（48 %）が運用しており，自動起動機を運用していたのは 6 団体（9 %）であった[48]。

東日本大震災において，緊急地震速報および津波警報などの対象となった地域のうち，3 月 11 日に発生した本震の緊急地震速報を J アラートで受信して，防災行政無線を自動的に起動して放送を実施できたのは 35 市町村であったとされている。J アラートにより津波警報を受信し，防災行政無線を自動起動することによって避難の呼びかけを行うことができた市町村からは，非常に有効であったとの報告がなされており，自動で緊急情報が伝達される仕組みが初動対応に大きく役立ったと考えられる[53]。

緊急かつ重要な情報が国から地方公共団体，さらには住民に迅速に情報が伝達されることはきわめて重要であり，各地方公共団体に J アラートによる自動起動が可能な情報伝達手段を確保する必要がある[53]。

3

防災気象情報

　本章では，気象情報，注意報，警報，特別警報などの種類を解説するとともに，土砂災害に関する危険箇所や土砂災害警戒情報について現状を述べる。

3.1　気象の注意報，警報，特別警報

3.1.1　気象情報

　気象庁は，大雨や暴風などによって発生する災害を防止・軽減するため，気象情報や注意報，警報などの防災気象情報を発表している。災害に結び付くような状況が予想される数日前から**気象情報**を発表し，その後の危険度の高まりに応じて注意報，警報，特別警報を段階的に発表する[54]。

　気象情報は，警報や注意報と一体のものとして発表し，現象の経過，予想，防災上の留意点等を解説するなど，防災上重要な情報である[55]。

　気象庁では，気象情報を，全国を対象とする**全般気象情報**，全国を 11 に分けた地方予報区を対象とする**地方気象情報**，都道府県（北海道や沖縄県ではさらに細かい単位）を対象とする**府県気象情報**という 3 種類に分けている。また，気象情報には，対象となる現象によって，「大雨」，「大雪」，「暴風」，「暴風雪」，「高波」，「低気圧」，「雷」，「降ひょう」，「少雨」，「長雨」，「潮位」，「強い冬型の気圧配置」，「黄砂」などさまざまな種類がある。「大雨と暴風」や「暴風と高波」，「雷と降ひょう」のように組み合わせて発表することもある[55]。

3.1.2　注意報，警報，特別警報

　気象庁では，対象となる現象や災害の内容によって**表 3.1** に示すように 6

24   3章　防災気象情報

表3.1　特別警報，警報，注意報の分類

特別警報	大雨（土砂災害，浸水害），暴風，暴風雪，大雪，波浪，高潮
警　報	大雨（土砂災害，浸水害），洪水，暴風，暴風雪，大雪，波浪，高潮
注意報	大雨，洪水，強風，風雪，大雪，波浪，高潮，雷，融雪，濃霧，乾燥，なだれ，低温，霜，着氷，着雪

（出典：国土交通省 気象庁ホームページ：気象警報・注意報[54]）

種類の**特別警報**，7種類の**警報**，16種類の**注意報**を発表している。気象警報・注意報の発表基準は，災害発生に密接に結び付いている風速，潮位や雨量指数などの指標を用いて設定している。重大な災害の発生するおそれのある値を警報の基準に，災害の発生するおそれのある値を注意報の基準に設定しており，特別警報の基準は，数十年に一度というきわめてまれで異常な現象を対象として設定している[54]。

警報級の現象は，ひとたび発生すると命に危険が及ぶおそれがあるので，警報は，重大な災害が発生するような警報級の現象がおおむね3〜6時間先に予想されるときに発表することとしている。また，警報級の現象がおおむね6時間以上先に予想されるときには，警報の発表に先立って，警報に切り替える可能性が高い注意報を発表することとしている。気象庁ホームページでは，気象警報・注意報の発表状況を地図や一覧表で表示し，詳細な情報を市町村ごとに示している[54]。

特別警報は，平成25（2013）年8月30日に運用が開始された。警報の発表基準をはるかに超える大雨や大津波などが予想され，重大な災害の起きるおそれが著しく高まっている場合に発表し最大級の警戒を呼びかけるものである。特別警報が対象とする現象は，東日本大震災における大津波や，伊勢湾台風の高潮，紀伊半島に甚大な被害をもたらした平成23年台風第12号の大雨などが該当する[56]。

気象などに関する特別警報の発表基準を**表3.2**に示す。発表にあたっては，降水量，積雪量，台風の中心気圧，最大風速などについて過去の災害事例に照らして算出した客観的な指標を設け，これらの実況および予想に基づいて判断

3.2 土砂災害の情報

表 3.2 気象などに関する特別警報の発表基準

現象の種類	基	準
大 雨	台風や集中豪雨により数十年に一度の降雨量となる大雨が予想され，もしくは，数十年に一度の強度の台風や同程度の温帯低気圧により大雨になると予想される場合	
暴 風	数十年に一度の強度の台風や同程度の温帯低気圧により	暴風が吹くと予想される場合
高 潮		高潮になると予想される場合
波 浪		高波になると予想される場合
暴風雪	数十年に一度の強度の台風や同程度の温帯低気圧により雪を伴う暴風がふくと予想される場合	
大 雪	数十年に一度の降雪量となる大雪が予想される場合	

（出典：国土交通省 気象庁ホームページ：特別警報の発表基準について[57]）

される[57]。

3.2 土砂災害の情報

3.2.1 土砂災害危険箇所

わが国は，傾斜が急な山が多いため，台風や大雨，地震などが引き金となって，崖崩れや土石流，地すべりなどの土砂災害が発生しやすい状況にある。過去 10 年間の土砂災害発生件数を見ると，平均して 1 年間におよそ 1 000 件もの土砂災害が発生しており，平成 20（2008）年から平成 29（2017）年の 10 年間で死者・行方不明者が合計 340 人にのぼった[58]。

国土交通省の調査・点検要領に基づき都道府県が実施した調査により，土砂災害が発生するおそれがあると判明した箇所を**土砂災害危険箇所**という。土砂災害危険箇所は，法に基づき指定される区域（砂防指定地，地すべり防止区域，急傾斜地崩壊危険区域）とは異なり，調査結果を周知することで，自主避難の判断や市町村の行う警戒避難体制の確立に役立てることを目的としている[59]。土砂災害危険箇所は，全国で約 53 万か所にのぼると推計されている[60]。

土砂災害危険箇所のうち，市町村の都市計画図や空撮により整備した 1/2 500 地形図により現地調査を行い土砂災害のおそれがある箇所を『土砂災害防止法』に基づき**土砂災害警戒区域**と**土砂災害特別警戒区域**が指定され

る[61]。指定箇所は，警戒避難体制の整備や住宅の構造規制が行われる。平成
30（2018）年1月31日時点の指定状況を**表3.3**に示す。

表3.3 全国における土砂災害警戒区域などの指定状況（平成30年1月31日時点）

	土石流		急傾斜地の崩壊		地すべり		計	
	土砂災害警戒区域		土砂災害警戒区域		土砂災害警戒区域		土砂災害警戒区域	
		うち土砂災害特別警戒区域		うち土砂災害特別警戒区域		うち土砂災害特別警戒区域		うち土砂災害特別警戒区域
全国計	169 157	103 171	331 114	251 753	9 184	1	509 455	354 925

（文献62）により作成） （単位：か所）

3.2.2 土砂災害警戒情報

国土交通省は，平成25（2013）年10月に「土砂災害から身を守るために
知っていただきたいこと」として三つの事項を取りまとめて発表した[63]。

第一に，台風が来る前に，住んでいる場所が，土砂災害危険箇所かどうか確
認すること。国土交通省のホームページなどでを閲覧するか，地元市町村役場
に問い合わせれば，自分が住んでいる場所が土砂災害危険箇所にあるかどうか
を確認できる。ただし，土砂災害は約6割が土砂災害危険箇所で発生している
が，土砂災害危険箇所以外でも発生していることも認識しておく必要がある。

第二に，雨が降りはじめたら，土砂災害警戒情報や雨量の情報に注意するこ
と。大雨による土砂災害発生の危険度が高まったときには**土砂災害警戒情報**が
発表されるので，雨が降りはじめたら，気象庁や国土交通省水管理・国土保全
局砂防部のホームページ，あるいは各都道府県の砂防課などのホームページな
どで，雨雲の動きと土砂災害警戒情報に注意する必要がある。都道府県などに
よっては，携帯電話などに自動的に土砂災害警戒情報を連絡するサービスもあ
る。

第三に，豪雨になる前に，大雨時や土砂災害警戒情報が発表された際には早
めに避難すること。夜間に大雨が予想される際は暗くなる前に避難することが
重要である。崖下や渓流沿いなどに住んでいる人は，大雨の際や土砂災害警戒

3.2 土砂災害の情報

情報が発表された際には，早めに近くの避難所などの安全な場所に避難する必要がある。また，夜間に大雨が予想される際には，暗くなる前に避難するのが安全である。自治体の避難勧告などの情報に従い，早めの避難が必要であるが，豪雨などのため避難所への避難が困難な場合は，近くの頑丈な建物の2階以上に緊急避難したり，それも困難な場合は，家の中の崖から離れた部屋や2階などに避難する必要がある。

　土砂災害警戒情報は，降雨による土砂災害の危険性が高まったときに，都道府県と気象台が共同で発表する情報である。平成19年度から全国で運用されたが，平成26（2014）年の土砂災害防止法改正により，市町村長が避難勧告等を発令する際の判断に資する防災情報として法律上明確に位置付けられ，都道府県知事から市町村長への通知および一般への周知の措置が義務付けられた。土砂災害警戒情報が発表された際は，市町村長は避難勧告などを発令することが基本となる[64]。

　都道府県や気象庁では，土砂災害警戒情報を補足する情報として，市町村内のより詳しい危険度がリアルタイムでわかるメッシュ情報や，危険度の推移がわかる情報などを提供している[65]。

4

火山の防災情報

　本章では，火山活動の監視体制，噴火警報・予報について解説するととも
に，火山ハザードマップと防災マップの作成，火山災害警戒地域の指定などの
制度について説明する

4.1　火山の監視

　わが国にある 111 の活火山のうち 50 火山が「火山防災のために監視・観測
体制の充実などが必要な火山（常時観測火山）」として**火山噴火予知連絡会**に
よって選定されている。これらの火山については，噴火の前兆をとらえて噴火
警報等を適確に発表できるよう，地震計，傾斜計，監視カメラなどの火山観測
施設が整備され，関係機関（大学等研究機関や自治体，防災機関など）からの
データ提供も受けて火山活動が 24 時間体制で常時観測・監視されている。

　また，各地の火山監視・警報センターの**火山機動観測班**が，その他の火山も
含めて現地に出向いて計画的に調査観測を行っており，火山活動に高まりが見
られた場合には，必要に応じて現象をより詳細に把握するために機動的に観測
体制を強化している。

　これらの観測・監視によって，全国 111 の活火山の火山活動の評価を行い，
危険を及ぼすような噴火の発生や拡大が予想された場合には**警戒が必要な範囲**
（この範囲に入った場合には生命に危険が及ぶ）を明示して噴火警報を発表し
ている[66]。

4.2　噴火警報・予報

　噴火に伴って大きな噴石，火砕流，融雪型火山泥流などが生じ，短時間で火

4.2 噴火警報・予報   29

口周辺や居住地域に到達し，避難までの時間的猶予がほとんどなく生命に危険を及ぼす火山現象が発生したり，危険が及ぶ範囲の拡大が予想される場合に，警戒が必要な範囲を明示して噴火警報が発表される。

噴火警報は，警戒が必要な範囲が火口周辺に限られる場合は，**噴火警報（火口周辺）**（または，**火口周辺警報**），警戒が必要な範囲が居住地域まで及ぶ場合は，**噴火警報（居住地域）**」（または，**噴火警報**）として発表され，海底火山については，**噴火警報（周辺海域）**として発表される。これらの噴火警報は，報道機関，都道府県などの関係機関に通知されるとともに，ただちに住民などに周知される。噴火警報を解除する場合などには**噴火予報**が発表される。なお，噴火警報（居住地域）は，特別警報に位置付けられている。

また，噴火警戒レベルが運用されている火山[†]では，平常時において地元の火山防災協議会で合意された避難計画などに基づき，気象庁は噴火警戒レベルを付して噴火警報・予報を発表し，地元の市町村などの防災機関は入山規制や避難勧告などの防災対応を実施する[67]（**表 4.1**）。

表 4.1 噴火警報と噴火警戒レベル

（a）噴火警戒レベルが運用されている火山

種別	名称	対象範囲	レベル（キーワード）	火山活動の状況
特別警報	噴火警報（居住地域）または噴火警報	居住地域およびそれより火口側	レベル5 **避難**	居住地域に重大な被害を及ぼす噴火が発生，あるいは切迫している状態と予想される。
			レベル4 **避難準備**	居住地域に重大な被害を及ぼす噴火が発生する可能性が高まってきていると予想される。
警報	噴火警報（火口周辺）または火口周辺警報	火口から居住地域近くまでの広い範囲の火口周辺	レベル3 **入山規制**	居住地域の近くまで重大な影響を及ぼす（この範囲に入った場合には生命に危険が及ぶ）噴火が発生，あるいは発生すると予想される。

[†] 噴火警戒レベルは，常時観測火山として選定された 50 火山のうち，38 火山で運用されている（平成 28 年 12 月現在）。

4章 火山の防災情報

表 4.1（続き）

種 別	名 称	対象範囲	レベル（キーワード）	火山活動の状況
警 報	噴火警報（火口周辺）または火口周辺警報	火口から少し離れたところまでの火口周辺	レベル 2 **火口周辺規制**	火口周辺に影響を及ぼす（この範囲に入った場合には生命に危険が及ぶ）噴火が発生，あるいは発生すると予想される。
予 報	噴火予報	火口内など	レベル 1 **活火山であることに留意**	火山活動は静穏。火山活動の状態によって，火口内で火山灰の噴出などが見られる（この範囲に入った場合には生命に危険が及ぶ）。

（b）噴火警戒レベルが運用されていない火山

種 別	名 称	対象範囲	警戒事項など（キーワード）	火山活動の状況
特別警報	噴火警報（居住地域）または噴火警報	居住地域およびそれより火口側	居住地域およびそれより火口側の範囲における厳重な警戒 **居住地域厳重警戒**	居住地域に重大な被害を及ぼす噴火が発生，あるいは発生すると予想される。
警 報	噴火警報（火口周辺）または火口周辺警報	火口から居住地域近くまでの広い範囲の火口周辺	火口から居住地域近くまでの広い範囲の火口周辺における警戒 **入山危険**	居住地域の近くまで重大な影響を及ぼす（この範囲に入った場合には生命に危険が及ぶ）噴火が発生，あるいは発生すると予想される。
警 報	噴火警報（火口周辺）または火口周辺警報	火口から少し離れたところまでの火口周辺	火口から少し離れたところまでの火口周辺における警戒 **火口周辺危険**	火口周辺に影響を及ぼす（この範囲に入った場合には生命に危険が及ぶ）噴火が発生，あるいは発生すると予想される。
予 報	噴火予報	火口内など	**活火山であることに留意**	火山活動は静穏。火山活動の状態によって，火口内で火山灰の噴出などが見られる（この範囲に入った場合には生命に危険が及ぶ）。

（c）海底火山

種 別	名 称	対象範囲	警戒事項など（キーワード）	火山活動の状況
警 報	噴火警報（周辺海域）	周辺海域	海底火山およびその周辺海域における警戒 **周辺海域警戒**	海底火山の居住海域に影響を及ぼす程度の噴火が発生，あるいは発生すると予想される。
予 報	噴火予報	直 上	**活火山であることに留意**	火山活動は静穏。火山活動の状態によって，変色水などが見られることがある。

（出典：国土交通省 気象庁ホームページ：噴火警報・予報の説明[67]）

噴火警戒レベルは，火山活動の状況に応じて**警戒が必要な範囲**と防災機関や住民らのとるべき**防災対応**を5段階に区分して発表する指標である。

『活動火山対策特別措置法』に基づいて，各火山に関して都道府県および市町村は，火山防災協議会（都道府県，市町村，気象台，砂防部局，自衛隊，警察，消防，火山専門家などで構成）を設置し，平常時から噴火時の避難について共同で検討を行い，火山活動の状況に応じた避難開始時期，避難対象地域を設定し，噴火警戒レベルに応じた「警戒が必要な範囲」と「とるべき防災対応」を市町村・都道府県の**地域防災計画**に定める。

噴火警戒レベルが運用されている火山では，火山防災協議会で合意された避難開始時期，避難対象地域の設定に基づき，気象庁は「警戒が必要な範囲」を明示し，噴火警戒レベルを付して，地元の避難計画と一体的に噴火警報・予報を発表する。市町村などの防災機関では，あらかじめ合意された範囲に対して迅速に入山規制や避難勧告などを行うことができる[68]。

4.3　火山ハザードマップと火山防災マップ

火山噴火に備えて，平常時から避難の体制を構築しておくことが必要であり，そのために，大きな噴石，火砕流，融雪型火山泥流などの影響が及ぶおそれのある範囲を地図上に特定し，避難等の防災対応をとるべき危険な範囲を視覚的にわかりやすく描画した**火山ハザードマップ**の作成と，火山ハザードマップに防災上必要な情報を付加した**火山防災マップ**の作成が有効である。

各火山地域において火山防災マップを作成するために，都道府県や市町村，国の機関，火山専門家などからなる火山防災協議会を設置して共同検討体制を構築することとしている。政府は，各火山地域において火山防災協議会の設置を推進するため，平成23年12月，中央防災会議において防災基本計画を修正し，火山災害対策を進めるための枠組みとして，火山防災協議会の必要性を明確に示した[69]。

4.4 火山災害警戒地域

平成 26（2014）年 9 月の御嶽山の噴火災害を契機に，『活動火山対策特別措置法』が平成 27（2015）年 12 月に改正施行され，警戒避難体制の整備を特に推進すべき地域として**火山災害警戒地域**を国が指定することとされた（第 3 条）。

平成 28（2016）年 2 月，常時観測火山に選定されている 50 火山のうち，住民のいない東京都の硫黄島を除く 49 火山に接する 140 市町村と 23 都道県が火山災害警戒地域に指定された[70]。

平成 29（2017）年 6 月 23 日現在，火山災害警戒地域が指定された 49 火山のすべてにおいて火山防災協議会が設置されており，43 火山について火山ハザードマップが作成済みであり，噴火警戒レベルが運用されているのは 38 火山である。また，全部または一部の市町村において地域防災計画などに警戒避難に関する記載がされているのは 28 火山であり，関係する延べ市町村数 155 のうち 51 市町村にとどまっている[71]。今後さらに各火山に関する関係機関の連携体制を強化して火山防災対策の取組みを推進する必要がある。

5

脆弱な国土と都市防災

本章では，わが国の国土の災害に対する脆弱性を述べるとともに，社会環境による脆弱性について説明する。そのうえで，特に都市の防災について，さまざまな課題と取組みについて説明する。

5.1 災害に対する脆弱性

5.1.1 脆 弱 な 国 土

わが国の国土は南北2 000 km に及び，細長い形状をなしており，その中央部を急峻な山脈が縦断している。国土の大部分を山地が占め，国土面積に占める可住地面積割合は27 ％と，ヨーロッパの60 ～ 80 ％に比べるとはるかに少ない。

わが国周辺は，地球の表面を覆うプレートが四つ重なり合う境界に位置しており，世界の M6 以上の地震の約2割が発生している地震多発地域である。さらに，四方を海に囲まれ海岸線は長く複雑であるため，津波による被害も発生しやすい。特に，南海トラフでは100 年から150 年程度の周期で海溝型の巨大地震が発生しており，過去の発生周期から見て地震発生の切迫性が高まっている。また，首都圏においては，1923（大正12）年の関東大震災のような M8 クラスの海溝型地震が200 ～ 400 年周期で発生するものと考えられており，それより短い周期で M7 クラスの**首都直下地震**が発生することが予想されている。

気候面では，年間平均降水量は世界の約2倍であり，梅雨や台風の時期に降雨が集中する。河川は急勾配で延長が短く，大雨が降れば山から海へと短時間で流下するため，洪水や土砂災害が起きやすい。これに加えて，多くの都市が河川の洪水時の水位より低い河口の平野部に位置しており，洪水が発生すれば

大きな被害が起きやすい。

また，国土面積の約51％が豪雪地帯であり，総人口の約15％が居住している。また，豪雪地帯のみならず，平成26（2014）年2月には，関東甲信地方を中心に大雪に見舞われ，死傷者が出たほか，交通機関が麻痺し甲府市などで多くの集落が孤立した。

平成25（2013）年9月に公表された**IPCC**（国連「**気候変動に関する政府間パネル**」）の第5次評価報告書第1作業部会報告書（自然科学根拠）によると，「世界平均地上気温が上昇するにつれて，中緯度の陸域のほとんどと湿潤な熱帯域において，今世紀末までに極端な降水がより強く，より頻繁となる可能性が非常に高い」という見解が示されており，すでにわが国でも，年平均気温は上昇を続けている。日本における大雨の発生数が長期的に増加傾向にあるのは，地球温暖化が影響している可能性がある。大雨の発生回数はさらに増加するとの予測があり，水害や土砂災害の発生の危険性が高まっている[72]。

このように大規模地震発生が切迫し，水害・土砂災害の激化が懸念される状況にある中で，都市部においては，人口や資産が集中し，自然災害が発生した場合に，都市特有の被害の様相を呈したり，被害規模が拡大するなど，自然災害に対する脆弱性が高まっている[73]。

5.1.2　社会環境による脆弱性

わが国は，災害に対して脆弱な国土にあって，社会環境の変化も災害リスクを高める要因となっている。高齢化の進展に伴って近年の災害による犠牲者の多くが高齢者となっている。高齢者は，災害時の避難などに支援を要することも多く，都市，地方に限らず増大する高齢者の災害対策は喫緊の課題となっている。また，老人福祉施設などの災害時要援護者関連施設が水害や土砂災害などのおそれのある土地に立地することがあることから，堤防整備などハード面の対策とともに，迅速かつ的確な災害情報の伝達などの警戒避難体制の整備や，災害が発生しやすい土地への立地抑制などを強化する必要がある。

加えて，地域の防災力を支えてきた消防団や水防団についても，団員数の減

少や高齢化が進んでおり，弱体化が懸念されている。その一方で，阪神・淡路大震災を契機として災害時における被災者支援活動や平常時の防災活動にボランティアの人々が積極的に参加する状況も見られ，地域防災力を支える担い手としての役割が期待される[74]。

　また，経済が長期的に低迷し，歳出が税収などを大きく上回る状態が続き，公債残高が急速に増加するなど，わが国における財政の制約が高まる中，近年，公共事業関係費は大きく減少してきている。

　その一方で，高度経済成長期に集中的に整備された社会資本ストックは，今後急速に老朽化することとなる。国土・地域の安全・安心を支える社会資本の役割を果たすうえで，適切な維持管理・更新がなされない場合には，災害の拡大などに対する不安が高まることにもつながる[75]。

〔1〕　地方部の脆弱性

（1）　孤 立 集 落　　東日本大震災では三陸沿岸地域をはじめ多くの集落が孤立し，救助活動が困難な状況が続いたが，全国で中山間地域などの過疎化の進行に伴い，災害時に集落が孤立する危険性が高まっている。平成26（2014）年に内閣府が行った調査[76]によると，地震や津波などの災害時に孤立する可能性がある集落の数は，全国で農業集落が1万7212，漁業集落1933であり，いずれも約3割にものぼっている。

　農業集落については，孤立可能性のある集落が交通途絶となる要因としてはほとんどが「地震，風水害に伴う土砂災害による道路構造物の損傷，土砂堆積」（97.4％）である。土砂災害以外の道路交通の途絶の要因としては「液状化」（6.4％）や「津波」（4.5％）が挙げられている。孤立可能性のある集落の人口は50人以下の集落が比較的多く，人口規模の小さな集落ほど高齢者の割合が大きい。災害時要援護者の数については，多くの集落で把握できていない。孤立可能性のある集落内で，水や食料を備蓄している集落の割合は飲料水約5％，食料約7％である。何らかの情報通信手段を有する集落の割合は約48％である。避難計画を有する集落の割合は約10％に過ぎない。

　漁業集落については，孤立可能性のある集落が交通途絶となる要因として

は，約 81 ％の集落が「地震，風水害に伴う土砂災害による道路構造物の損傷，道路構造物への土砂堆積」，約 78 ％が「津波による浸水，道路構造物の損傷，流出物の堆積」，約 64 ％が「地震または津波による船舶の停泊施設の被災」であり，津波の要因が高い。孤立可能性のある集落の人口については，100 人を超える集落が比較的多く，人口規模の小さな集落ほど高齢者の占める割合が大きい傾向がある。災害時要援護者については，多くの集落で人数を把握できていない。孤立可能性のある集落内で，水や食料を備蓄している集落の割合は飲料水約 18 ％，食料約 19 ％である。何らかの情報通信手段を有している集落の割合は約 67 ％である。避難計画を有する集落の割合は約 15 ％でである。

　農業集落，漁業集落のいずれについても，災害時に孤立する可能性がある集落については，平常時からの避難施設の整備，生活必需品の備蓄や非常時における複数の情報通信手段の確保などの取組みはもとより，地域の生命線ともいえる生活道路などの適切な確保が求められる[75]。

（2）地域の安全を支える建設業の疲弊　　建設産業は，特に地方圏において，地域経済・雇用を支えるとともに，地域防災の担い手として，地域の発展，安全・安心な暮らしの確保に大きな役割を果たしてきた。防災分野では，建設業などの各団体は地方自治体などとの間で防災協定を締結し，災害時における重機資材や労務の提供，住宅などの補修，仮設住宅の建設などに貢献している。

　しかし，バブル崩壊以降の建設市場の縮小と入札における過当競争により，建設業などにおいては厳しい経営・雇用環境が続き，就業者の減少，高齢化が進んだ。建設市場の縮小は，平成 7 年度以降十数年にわたって続いた公共事業予算の削減が影響し，さらに入札方式における一般競争入札の適用拡大が過当競争の原因となった。最近はこのような疲弊要因に歯止めがかかってきたものの，建設産業の担い手の確保と技能・技術の継承が大きな課題となっている（図 5.1）。

　災害時における住宅・建築物やインフラストラクチャ（以下，インフラ）などの応急復旧，応急仮設住宅の建設などに貢献する建設業において，建設機械

5.1 災害に対する脆弱性

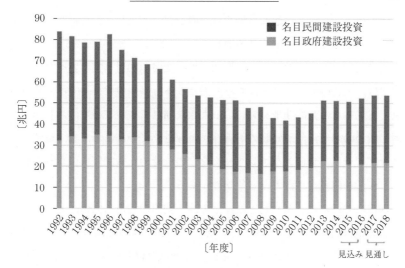

図 5.1 名目建設投資の推移
(出典:2016年度までは,国土交通省総合政策局建設経済統計調査室:平成29年度建設投資見通し (2017)[77],2017 〜 2018 年度は,建設経済研究所,経済調査会経済調査研究所:建設経済モデルによる建設投資の見通し (2018)[78])

運転工や型枠工,鉄筋工などの技能労働者を確保することが困難となりつつある。従来建設業者により大半が保有されていた建設機械についても,平成11 (1999) 年をピークに減少し,リース業などによる保有割合が増加している。

特に地方部において,災害対応,除雪,インフラの維持管理などを行い得る十分な労働者や機械を確保している企業が減少し,地域社会の安全を確保するうえでの支障や将来的な懸念が生じている。

地域建設業の疲弊が地域社会の安全を脅かすことにつながらないよう,技術と経営に優れた地域建設企業の自立的な継続経営を可能とするための環境整備を進める必要がある[75),79)]。

〔2〕 都市部の脆弱性

首都圏にも大きな影響を及ぼした東日本大震災でも露呈したように,電力や公共交通などに依存する大都市においては,地震などによりその機能が停止すると,大量の帰宅困難者の発生をはじめとして,パニックをも引き起こし得る。上下水道などが使用不能になった場合にも,過去とは比較にならない影響

を及ぼし得る。こうした起こり得る最悪の事態を想定したきめ細かな対応策に地域ぐるみで取り組んでいく必要がある。

また，高層マンションやビルの増加，地下空間の利用拡大といった都市構造の変化は，災害時のリスクを高める要因となる。高層の建築物では，東日本大震災でも見られた長周期地震動による大きな揺れによる被害や，エレベータでの閉じ込めのみならず，建物の耐震性が確保されていたとしても，電気，上下水道などのライフラインやエレベータなどの一時的な機能停止により高層階で孤立し生活が困難な状況となる危険性がある[75]。

大都市における地下街や地下鉄などの地下空間の利用拡大は，大雨による水害被害の危険性をはらんでいる。平成11（1999）年の福岡豪雨災害では博多駅地下街が浸水，平成12（2000）年の東海豪雨では名古屋市の地下鉄が浸水，そして平成15（2003）年7月の福岡豪雨，平成21（2009）年11月の和歌山地下駐車場，平成23（2011）年8月の大阪梅田地下街，平成25（2013）年9月の名古屋市地下街・地下鉄駅浸水や京都市地下鉄御陵駅浸水，平成28（2016）年9月の仙台駅前地下通路浸水など，地下空間浸水が多発している[80],[81]。首都圏において最大規模の降雨によって荒川右岸低地氾濫が生じた場合には，地下鉄などで17路線，100駅，延長約161 kmが浸水する可能性があるなど，地下空間での大きな被害が予測されている[82]。平成28（2016）年3月末現在，『水防法』に基づき避難確保・浸水防止計画作成等の対策が求められる地下街などの数は，全国で1 117か所となっているが[81]，これらの対策は依然として不十分であり，地下鉄駅などの出入口での止水対策などと併せて，さらに被害軽減対策を講じる必要がある[75]。

地震から命を守る備えとして重要なのが，住宅・建築物や公共インフラなどの耐震化である。昭和56（1981）年の新耐震基準以前に建てられた住宅・建築物の多くが耐震性が不足している。その耐震化の促進は，住民や利用者自身の命を守るだけでなく，その倒壊などにより救急救助活動などの支障とならないようにするためにも重要である。特に大都市部には密集市街地が集中しており，オープンスペースが少なく，災害に対して脆弱な都市構造になっている。

5.2 都市の防災

平成23 (2011) 年の東日本大震災以降，全国的に防災に関する意識の高まりが見られるほか，南海トラフ地震や首都直下地震などが近い将来発生することが予測されていることから，大規模地震災害に対する意識が向上している。また，異常気象に伴う水害や土砂災害が激化しており，都市部における被害も頻発していることから，都市防災についての関心が高まっている。

5.2.1 防災・減災対策としての津波対策

国土交通省は，都市公園事業，街路事業，都市防災総合推進事業などとして，避難地・避難路などの公共施設整備や防災まちづくり拠点施設の整備，避難地・避難路周辺の建築物の不燃化，木造老朽建築物の除却や住民の防災に対する意識の向上などを推進し，防災上危険な市街地における地区レベルの防災性の向上を図る取組みを支援している。南海トラフ地震の想定では津波により死者が約23万人発生する可能性があると推計されており，避難困難地域の解消に向けて津波避難困難者対策（津波避難タワーなどの整備）が進められる。また，ハザードマップなどにより地域住民へ危険性を周知するほか，地方公共団体により津波避難ビルなどの指定を進めている（平成25 (2013) 年12月時点，37都道府県で1万358棟を指定）。

また，防災・安全交付金により，南海トラフ巨大地震の津波により甚大な被害が想定される地域において，『都市計画法』に基づく一団地の津波防災拠点市街地形成施設の枠組みを活用し，災害時の都市の公共公益機能の維持に向けた拠点市街地の整備を支援している。

さらに，『南海トラフ地震対策特別措置法』の特例として，住民の生命などを災害から保護するため，住民の居住に適当でないと認められる区域内にある住居の集団的移転を促進することを目的として，国土交通省が地方公共団体に対し事業費の一部補助を行い，防災のための集団移転の促進を図っている（**防災集団移転促進事業**）。

5.2.2 密集市街地対策

密集市街地は，『密集市街地整備法』第 2 条第 1 号において，「当該区域内に老朽化した木造の建築物が密集しており，かつ，十分な公共施設が整備されていないことその他当該区域内の土地利用の状況から，その特定防災機能が確保されていない市街地」と定義されている。地震時などに大火のおそれがある密集市街地の安全性を確保するためには

・各住宅から安全な避難地への避難を確保するための道路の整備および沿道建築物の耐震化

・延焼を食い止める延焼遮断帯や公園などのまとまった空地の整備

・共同建替えや個々の住宅の建替えなどによる不燃化

を進める必要がある。国土交通省は，防災・安全交付金などを通じて地方公共団体の取組みを支援している[83]。

平成 7（1995）年の阪神・淡路大震災を契機として，それ以降，密集市街地の安全性向上のための取組みが本格化した。都市再生プロジェクト〔第三次決定（平成 13 年 12 月）〕においては，全国の密集市街地 2 万 5 000 ha のうち，特に大火の可能性が高い危険な市街地（重点密集市街地）約 8 000 ha を対象に重点整備し，平成 23 年度末までに最低限の安全性を確保することとされた。平成 18（2006）年には，これが『住生活基本法』（平成 18 年）に基づく住生活基本計画（全国計画）にも位置付けられた。しかし，平成 21 年度末時点の進捗率は約 38 % にとどまった。

平成 23（2011）年 3 月の住生活基本計画（全国計画）の全部変更においては，地方公共団体の意見なども踏まえて従来の**延焼危険性**に加え，**避難困難性**を併せて考慮した新たな指標を設定し，目標と区域を見直すこととし，地震時等に著しく危険な密集市街地の面積約 6 000 ha について，平成 32 年度（2020年度）までにおおむね解消することを目標とした。平成 24（2012）年 10 月には「**地震時等に著しく危険な密集市街地**」が公表され，全国の 17 都府県・41市区町において，合計 197 地区，5 745 ha 存在することが明らかにされた。

平成 27 年度末の速報では，地震時などに著しく危険な密集市街地は約

4 450 ha となり，平成 28（2016）年 3 月に新たに策定された住生活基本計画（全国計画）においても，地震時などに著しく危険な密集市街地の面積約 4 450 ha を平成 32 年度（2020 年度）までにおおむね解消するとして目標が継続された。平成 28 年度末時点における，地震時等に著しく危険な密集市街地は 4 039 ha となっている[84),85)]。

5.2.3 宅地防災対策
〔1〕 大規模盛土造成地

平成 7（1995）年の阪神・淡路大震災や平成 23（2011）年の東日本大震災などにおいて，谷や沢を埋めた造成宅地または傾斜地盤上に腹付けした大規模な造成宅地において，盛土と地山との境界面や盛土内部をすべり面とする盛土の地すべり的変動（滑動崩落）が生じ，造成宅地における崖崩れまたは土砂の流

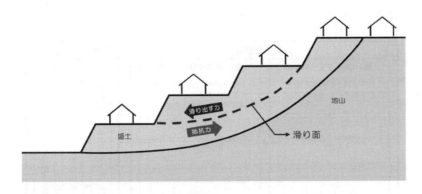

滑動崩落はすべり面の位置によって以下の三つの形態に分類される。

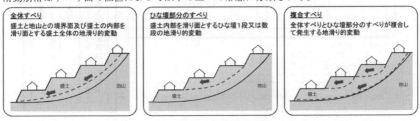

図 5.2 大規模盛土造成地の滑動崩落対策
（出典：国土交通省ホームページ：都市＞宅地防災＞大規模盛土造成地の滑動崩落対策について[86)]）

出による被害が発生した。東日本大震災で滑動崩落の被害を受けた宅地の多くは1970年代以前に造成されており，『宅地造成等規制法』などの改正により技術基準を強化した平成18（2006）年以降に造成された宅地においては，被害が見られなかった。

これを踏まえ，既存の造成宅地について地震時などに滑動崩落の可能性がある大規模盛土造成地の有無などの確認と，危険性が高い箇所の滑動崩落防止工事などの予防対策を早急に進めることが重要である[86]。

なお，滑動崩落とは，地震力および盛土の自重による盛土のすべり出す力がそのすべり面に対する最大摩擦抵抗力その他の抵抗力を上回り，盛土の地すべり的変動が生じることをいう（図5.2）。

また，大規模盛土造成地の滑動崩落対策の流れを図5.3に示す。

全国1741市区町村のうち，平成29（2017）年10月1日までに変動予測調査の調査の一次スクリーニングを完了したのは，1088市区町村（62.5％）で

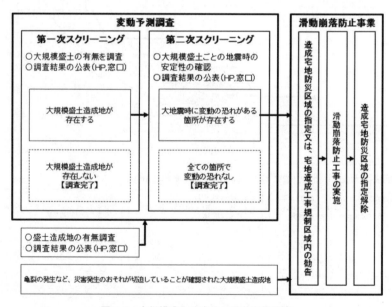

図5.3　大規模盛土造成地の滑動崩落対策
（出典：国土交通省ホームページ：都市＞宅地防災＞大規模盛土造成地の滑動崩落対策について[86]）

5.2 都市の防災

あり，そのうち大規模盛土造成地の有無などについて公表を行ったのは964市区町村（55.4%）であり，国土交通省は，この公表率を平成32年度までに約70%とすることを目標としている[84]。

〔2〕 宅地の液状化対策

わが国で**液状化**による被害が認知されるようになったのは，昭和39（1964）年の新潟地震以降である。平成7（1995）年の阪神・淡路大震災や平成16（2004）年の新潟県中越地震でも液状化被害が起きた。これらの被害は埋立造成地などで局所的に発生したものだが，これを契機に道路橋示方書や建築基礎構造設計指針などの技術基準が強化され，それ以降，緊急輸送道路や大規模建築物などの重要な構造物の設計では液状化対策が考慮されるようになった。

平成23（2011）年の東日本大震災では，東京湾岸や利根川下流域など関東地方を中心に広い範囲で液状化が発生し，各地に甚大な被害をもたらした。これほどの大規模な液状化による宅地被害は世界的にも例がなく，被災地の安全・安心な暮らしを取り戻すためには，単に被災した建物や道路を復旧するだけでなく，液状化の発生メカニズムを解明し，再度災害を防ぐ対策が求められた。今後，首都直下地震や南海トラフ巨大地震などの大規模地震の発生が懸念される中，液状化による宅地の被害を抑制するための対策を講じていく必要がある[87),88]。

液状化は，地下水位以下の緩い砂質土層で起こる現象である。液状化が起きやすい土地かどうかは，古い地図（古地理図）や地質情報を取り入れた地形区分（微地形区分）など土地の履歴情報を調べることにより大まかに判断できる。微地形区分については，つぎの条件に当てはまるところでは液状化が生じやすい。

① 埋立年代の浅い埋立地，② 旧河道（昔の川筋），③ 大河川の沿岸（特に，氾濫原），④ 海岸砂丘の裾・砂丘間の低地，⑤ 砂鉄や砂礫を採掘した跡地の埋戻し地盤，⑥ 沢・谷埋め盛土の造成地，⑦ 過去に液状化の履歴のある土地

特に液状化は，「埋立地，三角州・海岸低地，後背湿地，干拓地，砂州・砂礫州，旧河道，旧池沼」などで起きやすく，東日本大震災では埋立てや盛土で

造成した住宅地で被害が多かった。地盤が人工的に改変された土地，川筋の変動や氾濫によって改変された土地，風で運ばれた砂が堆積している土地のうち，地下水位が浅い場所にある土地が液状化しやすい地盤といえる[89]。

液状化の発生は，地盤内の地下水圧が上昇し噴砂が生じるばかりでなく，図5.4のように建物を支える地盤の力が低下することによって，建物や電柱のような重い構造物が沈下・傾斜し，噴砂が起きたり，軽いマンホールや下水管のような地中構造物が浮き上がるなどの被害が生じる。また，噴砂が道路面へ流出すると交通障害となり避難行動の妨げとなったり，噴射が下水管に流入して長期間使用不能となったり，都市機能に大きな障害となることがある[89]。

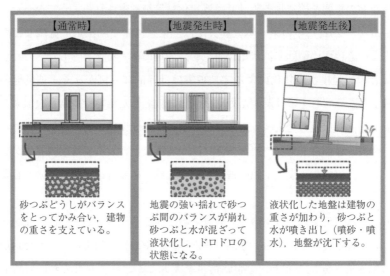

図5.4 液状化発生の模式図
（出典：国土交通省都市局都市安全課：市街地液状化対策推進ガイダンス，本編 1. 総則[89]）

国土交通省は，今後発生が懸念される大規模地震による宅地の液状化被害を抑制するため，液状化被害の程度を判定するための調査や宅地液状化マップの作成などに要する費用や，調査などにより液状化対策が必要と判定された宅地における道路などの公共施設と宅地との一体的な液状化対策工事に要する費用を国費で支援している[84],[90]。

5.2.4 防災都市づくり計画

平成9年国土交通省都市局長通達「都市防災構造化対策の推進について」において，地方公共団体は，実情に応じ，都市防災構造化のためのマスタープランとして，**防災都市づくり計画**を策定することとされた。この計画は，阪神・淡路大震災などを教訓として地震災害を対象とした計画とされていたが，東日本大震災の教訓も踏まえて見直され，津波や水害などさまざまな災害のリスク評価に基づく総合的な計画とされるようになった[91]。そして，各地方公共団体が主体的に行う防災都市づくりの計画の策定・見直しに資するため，平成25（2013年）年5月に**防災都市づくり計画策定指針**および**防災都市づくり計画のモデル計画及び同解説**が作成された。

『災害対策基本法』に基づいて地方公共団体が地域防災計画を作成するにあたっての基準として，国土交通省防災業務計画では，防災都市づくり計画を定めることをつぎのように位置付けている[92]。

国土交通省防災業務計画（平成29年7月修正）

　第16編　地域防災計画の作成の基準（抜粋）

　　第1章　災害予防に関する事項

　　　第1節　災害に強い地域づくりに関する事項

　都市の防災構造化対策の計画的推進を図るため，<u>都市防災に関する方針の都市計画への位置づけに配慮するとともに，避難場所，避難路，延焼遮断帯等都市の骨格的な防災施設の整備に関する事項，防災上危険な密集市街地の整備に関する事項等を主な内容とする「防災都市づくり計画」</u>を定めること。「防災都市づくり計画」は，消防防災部局，都市計画部局等関係部局間の連携を密に図るとともに，災害危険度判定調査等を実施し，客観的でわかりやすいデータに基づき，市民の理解と協力を得て策定すること。

従来の都市計画は，必ずしも適切な災害リスク評価に基づいたものとなっていないため，さまざまな災害リスク情報を把握して，それに基づき対策を検討・実施することが重要と考え，防災担当部局をはじめとする多様な主体と協働することによって防災都市づくり計画を策定することが必要と考えられている。防災都市づくりの考え方を示すと**図5.5**のようになる[84]。

5章　脆弱な国土と都市防災

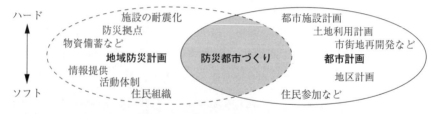

図 5.5　防災都市づくりの考え方
(出典：国土交通省：平成 28 年度全国都市防災・都市災害主管課長会議の開催について 1. 総合的な都市防災対策の推進について[84])

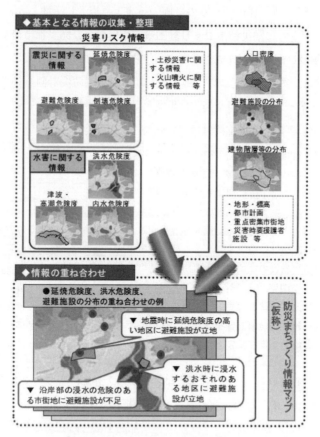

図 5.6　災害リスク情報の重ね合わせのイメージ
(出典：国土交通省ホームページ：政策・仕事＞都市＞都市防災＞防災都市づくり計画策定指針等について，防災都市づくり計画のモデル計画及び同解説，第 2 章 都市レベル及び地区レベルの課題整理[93])

5.2 都 市 の 防 災　　　　　47

　防災都市づくり計画においては, ① さまざまな災害リスク情報の重ね合わせなどにより整理された防災上の課題, ② 課題に基づき実施すべき施策などを記載することとしている (**図 5.6**)。防災都市づくり計画は, 地域防災計画に位置付けるとともに, その基本方針などを都市計画マスタープランにも反映するものである[84]。

5.2.5　住宅・建築物の耐震化

　平成 7 (1995) 年の阪神・淡路大震災では数多くの人命が奪われ, 死亡要因の内訳は, 地震による揺れなどによる直接死が 85.6 % であった。検死統計によると直接死のうち 83.3 % が建物倒壊などによる死亡であった。倒壊した建物の多くは, 耐震基準が見直された昭和 56 (1981) 年 6 月よりも前に建てられたものであった[94]。

　平成 28 (2016) 年の熊本地震において震度 7 の揺れが 2 度観測された熊本県益城町では, 日本建築学会による調査で木造の建物 1 955 棟のうち, 297 棟が倒壊や崩壊に至ったことが確認されている。昭和 56 (1981) 年以前の旧耐震基準の木造の建物では, 倒壊や崩壊の割合が 30 % 近くあり, 特に被害が大きかった (**図 5.7**)[95],[96]。

　建物の耐震性は, 建築年時や地盤の良し悪しだけで決まるものではなく, 建築当初の設計や施工, そして, その後の劣化状況などさまざまな要因によって決まる。それらを総合的に勘案して耐震性を判断するのが**耐震診断**である。

　耐震診断により耐震性が不足していると評価される場合は, 耐震改修を行うことによって最新の耐震基準で建てられた建物と同等の耐震性を確保することができる。耐震改修のためには, 建物の耐震診断を実施して耐震性を確認するとともに, 目標の耐震性を実現するための補強設計を行い, その後, 補強設計に従って耐震改修工事を行うことになる。

　耐震性が不足する建物は, 自分や家族の生命, 財産に対して大きなリスクであるばかりでなく, 地震により建物が倒壊して道路を塞ぎ, 救急・消火活動の大きな障害になり, 復旧・復興の支障にもなる。地震に強い安全なまちづくり

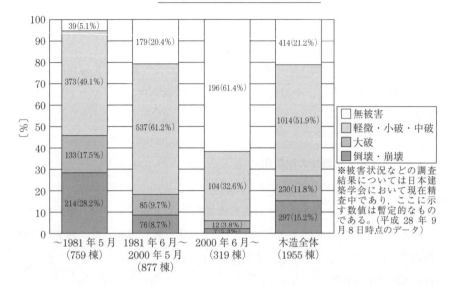

図 5.7 熊本地震における木造建物の建築年代別被害状況
(出典:国土交通省ホームページ:熊本地震における建築物被害の原因分析を行う委員会 報告書について 添付資料 熊本地震における建築物被害の原因分析を行う委員会 報告書〈概要版〉[97])

のためにも,耐震化が重要である[98]。

建築物の耐震改修の促進に関する法律(『耐震改修促進法』)に基づく国の基本方針においては,**南海トラフ地震防災対策推進基本計画**および**首都直下地震緊急対策推進基本計画**,**住生活基本計画**(平成 28(2016)年 3 月)における目標を踏まえ,住宅の耐震化率および多数の者が利用する建築物の耐震化率について,平成 32(2020)年までに少なくとも 95% にすることを目標とするとともに,平成 37(2025)年までに耐震性が不十分な住宅をおおむね解消することを目標として耐震化の促進を図っている[99]。

平成 25(2013)年の耐震改修促進法の改正では,病院,店舗,旅館などの不特定多数の人が利用する建築物および学校,老人ホームなどの避難に配慮を必要とする方が利用する建築物のうち大規模なものなどについて,耐震診断を行い報告することを義務付けし,その結果を公表することとしている(図 5.8)。また,耐震改修を円滑に促進するために,耐震改修計画の認定基準が

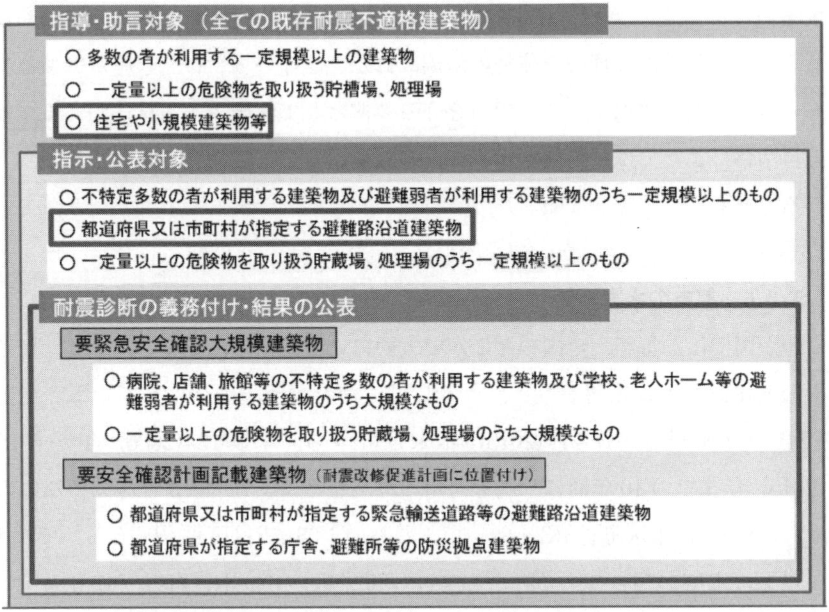

5.2 都 市 の 防 災　　49

```
┌─────────────────────────────────────────────────┐
│  指導・助言対象 （全ての既存耐震不適格建築物）          │
│    ○ 多数の者が利用する一定規模以上の建築物            │
│    ○ 一定量以上の危険物を取り扱う貯槽場、処理場         │
│    ┌─────────────────────┐                       │
│    │ ○ 住宅や小規模建築物等  │                       │
│    └─────────────────────┘                       │
│  指示・公表対象                                      │
│    ○ 不特定多数の者が利用する建築物及び避難弱者が利用する建築物のうち一定規模以上のもの │
│    ┌──────────────────────────────────┐        │
│    │ ○ 都道府県又は市町村が指定する避難路沿道建築物 │        │
│    └──────────────────────────────────┘        │
│    ○ 一定量以上の危険物を取り扱う貯蔵場、処理場のうち一定規模以上のもの │
│  耐震診断の義務付け・結果の公表                        │
│    ┌───────────────────────┐                    │
│    │ 要緊急安全確認大規模建築物 │                    │
│    └───────────────────────┘                    │
│      ○ 病院、店舗、旅館等の不特定多数の者が利用する建築物及び学校、老人ホーム等の避 │
│         難弱者が利用する建築物のうち大規模なもの        │
│      ○ 一定量以上の危険物を取り扱う貯蔵場、処理場のうち大規模なもの │
│    ┌───────────────────────────────────────┐   │
│    │ 要安全確認計画記載建築物（耐震改修促進計画に位置付け）│   │
│    └───────────────────────────────────────┘   │
│      ○ 都道府県又は市町村が指定する緊急輸送道路等の避難路沿道建築物 │
│      ○ 都道府県が指定する庁舎、避難所等の防災拠点建築物 │
└─────────────────────────────────────────────────┘
```

図5.8 建築物の耐震改修の促進に関する法律等の改正概要（平成 25 年 11 月施行）
（出典：国土交通省ホームページ：建築物の耐震改修の促進に関する法律等の改正概要
（平成 25 年 11 月施行）[100]）

緩和され，対象工事が拡大され新たな改修工法も認定可能となり，容積率や建ぺい率の特例措置が講じられた。区分所有建築物については，耐震改修の必要性の認定を受けた建築物について，大規模な耐震改修を行おうとする場合の決議要件を緩和した。さらに，耐震性に係る表示制度を創設し，耐震性が確保されている旨の認定を受けた建築物について，その旨を表示できることになった[101]。

　耐震診断の義務付け対象となる建築物に対しては，耐震改修促進法によりその所有者らが行う耐震診断などに係る負担軽減のため，緊急的・重点的な補助制度として耐震対策緊急促進事業がある。地方公共団体の補助制度に，国が追加的補助を行うものである。地方公共団体において対象建築物への補助制度が整備されていない場合は，国が単独で耐震診断，補強設計および耐震改修への補助を行う[101]。

　住宅の耐震診断，耐震改修などについては，多くの区市町村において支援制

50   5章　脆弱な国土と都市防災

度を設けている。自治体によって，助成の対象範囲や費用の上限などが異なる。また，経済的な理由で住宅の耐震改修ができない場合に，家屋が倒壊しても一定の空間を確保することで命を守る装置として**耐震シェルター**がある。地方自治体によっては，耐震シェルターの設置に対して補助金を支給しているところもある[102]。

5.2.6　都市の水害対策

わが国では，毎年，全国のどこかで大雨による河川の氾濫などにより，住宅や公共施設などに損害を与え，ときには人命を奪う事態が生じている。全国1 741 市区町村（平成 27 (2015) 年末）のうち，平成 18 (2006) 年から 27 (2015) 年までの 10 年間に一度も河川の氾濫などによる水害が起きていないのは，わずか 60 市区町村（3.4 %）で，残りの 1 681 市区町村（96.6 %）では 1 回以上の水害が起きている。さらに，ほぼ半数の 829 市区町村（47.6 %）では 10 回以上の水害が発生している[103]。

水害の発生は，毎年 6 ～ 7 月の梅雨のシーズンや 8 ～ 9 月の台風シーズンに集中しており，特に，近年はゲリラ豪雨と呼ばれる時間雨量 50 mm を超える豪雨の発生件数が増加傾向にある。

都市部においては，ヒートアイランド現象や異常気象による集中豪雨の激化だけでなく，都市化の進展により地表がアスファルトなどに覆われていることによる保水・遊水機能の低下，地下利用を含む土地利用の高度化による被害ポテンシャルの増大などにより，水害が頻発している。

このため，都市の水害対策あるいは浸水対策として河川や下水道の整備，津波や高潮に対して防波堤や防潮堤の整備などを行い，併せてハザードマップの作成などによる警戒避難体制の整備などに取り組んできたところである[104]。

〔1〕　総合的な治水対策

都市化による流域の保水・遊水機能の低下による中・下流域での水害の頻発に対し，河道整備（築堤や浚渫など）や遊水地，放水路の整備などの河川改修，自然地の保全や貯留施設の設置などの流域対策，警戒避難体制の整備など

の被害軽減対策を複合的に行う総合的な治水対策を関係機関と連携しながら推進している（**図5.9**）[105]。

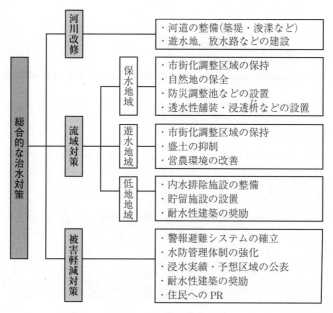

図5.9 総合的な治水対策
（国土交通省ホームページ：河川トップ＞パンフレット・事例集＞防災 水管理・国土保全 水害対策を考える 第4章 今後の対策の方向性＞4-5 行政の取組み（河川管理者の取組み）[105]）

〔2〕 特定都市河川における流域水害対策

市街化が進み，浸水被害が発生するおそれがあり，河道などの整備による浸水被害の防止を図ることが困難な河川を，『特定都市河川浸水被害対策法』（平成15（2003）年）により**特定都市河川**として指定し，河川管理者，下水道管理者および地方公共団体が共同して**流域水害対策計画**の策定を推進している。また，同法に基づき，河川管理者による雨水貯留浸透施設の整備のほか，河川が氾濫した場合や雨水が下水道や河川などに排水できずにあふれた場合に浸水が想定される区域の公表，流域内で開発をする際の雨水を貯める施設の設置の義務付けなどにより，都市における浸水被害の軽減を図っている（**図5.10**）。

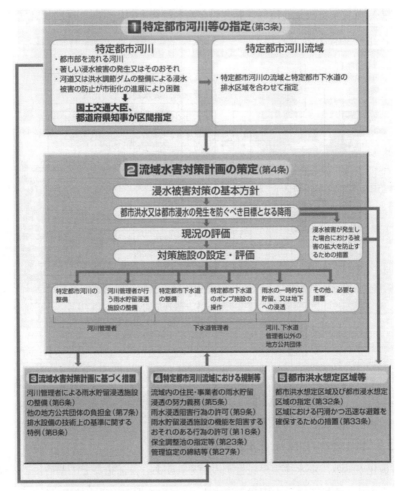

図 5.10 特定指定都市河川浸水被害対策法の概要とスキーム
（出典：国土交通省ホームページ：水管理・国土保全＞パンフレット・事例集＞
河川＞特定指定都市河川浸水被害対策法の概要，特定都市河川浸水被害対策法
のスキーム[106]）

〔3〕 下水道整備による都市の浸水対策

　都市部では雨水は下水道を通して河川や海へ流れるが，大雨が降ると下水道が排水しきれなくなって浸水被害が起きる。また川が増水することによって，下水道の水を取り込めなくなり，雨水が地表にあふれることもある。

5.2 都市の防災

市街地などに降った雨水の排除は下水道の基本的な役割であり，頻発する都市型水害から国民の生命・財産を守るため，ハードおよびソフトの両面から対策を進める必要がある。

ハード対策としては，雨水を安全に排除するための雨水排水管渠，雨水排水ポンプ場の整備，下流の雨水管渠の排水能力の不足を補う施設として雨水貯留施設の整備，地域からの雨水流出を減少させる施設として雨水浸透施設の整備といった浸水対策施設の整備を進めている。

また，ポンプ場運転の合理化と安全性の確保のため，管渠，放流河川などの水位を監視して運転操作に活用するほか，ポンプ場への急激な雨水流入に対応する先行待機運転ポンプを設置するなどの対策を進めている。先行待機運転ポンプとは，どのような吸水位でも全速運転できるポンプであり，雨水が流入する前に吐出弁全開で全速の先行待機運転ができ，急激な雨水入に対応して迅速な排水を行うことができるものである。

さらに，下流の雨水管渠の排水能力の不足を補うための雨水貯留施設の整備，地域からの雨水流出を減少させるための雨水浸透施設の整備なども進めている。

総合的な浸水対策として，雨水排水管やポンプ場の整備（ハード対策）と民間企業，市民，コミュニティによる災害対応（いわゆる自助）を支援する降雨情報などの提供（ソフト対策）を組み合わせた対策を進めている

ソフト対策としては，民間企業，市民，コミュニティの災害対応を支援する対策として，降雨情報の提供，浸水予想区域図の作成・公表，幹線水位情報の提供などを行っている。

また，河川の整備水準を上回る豪雨による水害の危険性を市民に知らせ，事前の予防策を進めてもらえるよう，浸水予想区域図の作成・公表を行っている。

ハードおよびソフトを組み合わせた対策として，雨水排水管やポンプ場の整備（ハード対策）と民間企業，市民，コミュニティによる災害対応を支援する降雨情報などの提供（ソフト対策）を組み合わせて総合的な浸水対策を進めている[107]。

下水道施設の整備水準を大きく超える集中豪雨（超過降雨）が多発する現状において，時間と財政的制約の中で緊急かつ効率的に浸水被害の軽減を図るためには，つぎのような施策の転換が必要であると考えられている[108]。

①　これまでの「降雨（外力）」主体の目標設定を対象とする地区の浸水に対する特性を考慮して「人（受け手）」主体の目標設定へ転換すること。

②　地域全域で一律の整備とするのでなく「選択と集中」により重点化して地区と期間を限定した浸水対策を実施すること。

③　ハード対策を着実に進める一方で，住民自らの災害対応（自助）を促進するソフト対策を強化すること。

平成27年『下水道法』が改正され**浸水被害対策区域制度**が創設された。この制度によって，公共下水道管理者である地方公共団体は，大都市のターミナル駅のように都市機能が集積した地区で，民間の再開発などに併せて官民連携による浸水対策を実施することが効率的な区域を条例で指定することができる。

浸水被害対策区域における官民連携による浸水対策としては，つぎのことが挙げられる。

・管理協定の締結により，民間の設置する雨水貯留施設を下水道管理者が管理すること。

・管理協定を締結した雨水貯留施設などの整備費用に対し，国が民間に直接支援を行うこと（特定地域都市浸水被害対策事業制度）。

・雨水貯留施設の設置に対して割増償却制度の適用を可能とすること。

・支援策のみでは浸水被害の軽減が困難な場合に，市町村などの判断によって条例で民間に対し雨水貯留浸透施設の設置を義務付けることを可能とすること。

〔**4**〕　**雨水貯留浸透施設の設置**

雨水貯留浸透施設は，雨水を一時的に貯めたり地下に浸透させることによって，下水道・河川への雨水流出量を抑制するものである。雨水貯留浸透施設による対策を進めると地中に浸透する水の量が増えるため，晴れた日が続いても川の流量が減ったり湧き水が枯れたすることが起きにくくなり，貯留した雨水

5.2 都市の防災

は水まき，洗車などに有効利用できる．

雨水貯留施設には，公園や駐車場などの地表面に貯留するタイプと，建物の地下に貯留するタイプがある．貯留した雨水をポンプで汲み上げて散水などの雑用水として利用することができる．**雨水浸透施設**には，浸透枡や浸透トレンチ，透水性の舗装などの種類があり，水害を防止するとともに地下水の涵養にも効果がある（図 5.11）[109]．

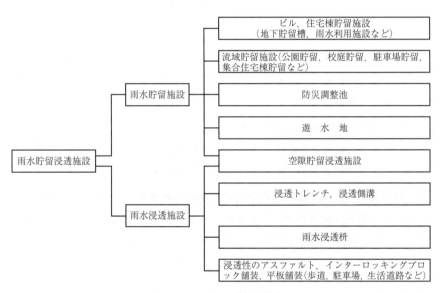

図 5.11　雨水貯留浸透施設
（出典：雨水貯留浸透技術協会ホームページ：雨水貯留浸透施設 設置 平成 27 年度版　雨水貯留浸透施設の設置に対する支援措置のご紹介[109]）

雨水貯留浸透施設の設置には，優遇税制のほか各自治体での助成制度などの支援措置が用意されている．税制特例措置としては，『特定都市河川浸水被害対策法』に規定する雨水貯留浸透施設に係る固定資産税の軽減措置があるほか，前述したように，平成 27 年度より下水道法が改正され，**浸水被害対策区域**における雨水貯留施設設置に対して割増償却制度の適用を可能としている．

また，補助制度としては，下水道防災事業費補助により浸水被害対策区域において，下水道管理者および民間事業者などが連携して，浸水被害の防止を図

ることを目的に，**特定地域都市浸水被害対策計画**に基づき，地方公共団体による下水道施設の整備，民間事業者などによる雨水貯留施設の整備を支援している（特定地域都市浸水被害対策事業）。

さらに，**社会資本整備総合給付金（防災・安全交付金）**などにより，一級河川または二級河川の流域内において，貯留もしくは浸透またはその両方の機能を持つ施設の整備などを地方公共団体が行う事業で，通常の河川改修方式と比較して経済的であるもので，一定の要件に該当するものについて，貯留浸透施設整備や既存の溜め池や池沼の改良工事に対して支援を行っている。そのほか，雨水貯留浸透による流出抑制を目的に個人住宅などに設置する貯留タンクや浸透ますなどの小規模な施設に対して地方公共団体が整備費用を助成する場合に，地方公共団体に対して支援を行う仕組みがある[109]。

〔5〕 **100 mm/h 安心プランの策定**

従来の計画降雨を超えるいわゆるゲリラ豪雨に対して住民が安心して暮らせるよう，関係機関が役割を分担して住民（団体）や民間企業などの参画のもと，浸水被害を軽減する取組みを定めた **100 mm/h 安心プラン**に基づく流域治水対策を国土交通省が支援するものである。平成25年度より国土交通省へのプランの登録が開始された[110]。

多くの中小河川は，その多くがおおむね10年に1回程度の洪水に対して氾濫させないことを目標に河川改修などが行われており，下水道整備としては，おおむね5～10年に1回程度の50～60 mm/hの降雨を目標として，雨水排除や貯留浸透などを組み合わせた雨水対策が行われている[111]。「100 mm/h 安心プラン」は，従来の目標とする計画降雨を超える局地的大雨を対象として，住宅地や市街地の浸水被害軽減を図るために集中的な対策を実施するものであり，目的を達成するために実施する内容はつぎのとおりである[112]。

① 法定計画などに基づく河川・下水道の整備による浸水対策
② 分散型貯留浸透施設などによる流域対策
③ 危険情報周知の対策
④ 地域における水防活動強化の取組み

⑤ まちづくりや住民（団体），民間企業などにおける水害対策への取組み

〔6〕 高規格堤防の整備

人口・資産などが高密度に集積する首都圏および近畿圏のゼロメートル地帯などの低平地においては，ひとたび堤防が決壊すると，密集市街地において広範囲に浸水が発生し，浸水継続時間が長期間にわたるなど壊滅的な被害につながるおそれがある．このため，堤防の決壊を回避するために，通常の堤防と比較して堤防の幅を高さの30倍程度とする幅の広い**高規格堤防**の整備を進めてきた（**図 5.12**）．

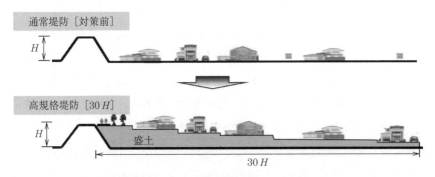

図 5.12 高規格堤防整備のイメージ
（出典：国土交通省ホームページ：水管理・国土保全 第 5 回 高規格堤防の見直しに関する検討会 資料 1 高規格堤防の事業スキームについて[113]）

平成 23（2011）年には，「高規格堤防の見直しに関する検討会」において高規格堤防の整備区間の見直しや今後の整備のあり方などについて検討を行い，「人命を守る」ということを最重視して，整備区間を約 870 km であったものを荒川，江戸川，多摩川，淀川，大和川の 5 水系 5 河川におけるゼロメートル地帯などの約 120 km に絞り込み，高規格堤防の整備を着実に進めることとした．

完成までに要する期間などの前提はもとの計画とは異なっているが，なお一定の時間を要するものである．河川管理者と沿川の地方公共団体などが将来像の認識を共有して，両者が連携しながら都市の安全を確保する手段としての高規格堤防の整備を共同で着実に進めていくことが求められる[114]．

〔7〕 地下街・地下鉄などの浸水対策

平成11（1999）年6月の福岡水害での博多駅周辺の地下街などの浸水，平成12（2000）年9月の東海豪雨での名古屋市内地下街・地下鉄の浸水，そして平成25（2013）年9月京都市内の安祥寺川の氾濫水の京都市営地下鉄への流入など，地下空間の被害が多発したことから，地下街・地下鉄などの地下空間の浸水の問題に関心が高まった。

平成26（2014）年1月には，国土交通省水災害に関する防災・減災対策本部を設置し，機動的に検討を進めるために対策本部のもとに地下街・地下鉄等ワーキンググループが設けられ，台風などによる大規模な洪水氾濫，高潮浸水，集中豪雨による内水被害に対する地下空間の課題と対応方針が検討された。

平成27（2015）年5月には水防法が改正され，洪水に係る浸水想定区域の前提を想定し得る最大規模の降雨に拡充するとともに，新たに想定し得る最大規模の内水・高潮に係る浸水想定区域制度が設けられた。すでに洪水に対する避難確保・浸水防止計画を作成している地下街などについても，新たに内水・高潮に係る浸水想定区域が指定され，市町村の地域防災計画に位置付けられた場合は，洪水に加え，内水・高潮それぞれに対応した避難確保・浸水防止計画を作成する必要がある[115]。

水防法第15条の2において，市町村の地域防災計画に位置付けられた地下街等の所有者または管理者は，地下街等の利用者の洪水時等の円滑かつ迅速な避難の確保及び洪水時等の浸水の防止を図るために必要な訓練その他の措置に関する計画を作成することとされている。平成25（2013）年6月の水防法改正で，避難確保に加えて浸水防止に係る計画も作成することされている[116]。

平成27（2015）年7月には「地下街等に係る避難確保・浸水防止計画作成の手引き（案）（洪水・内水・高潮編）」が国土交通省により示された。なお，津波については，『津波防災地域づくりに関する法律』（平成23（2011）年）に基づいて避難確保計画の作成が義務付けられており，洪水などよりも先行して平成26（2014）年1月に「地下街等に係る避難確保計画（津波編）作成の手引き（案）」が示されていた[117]。

5.2 都市の防災

国土交通大臣または都道府県知事が指定した洪水予報河川または水位周知河川の浸水想定区域内に立地し，市町村防災会議などが作成する市町村地域防災計画に位置付けられた地下街などが全国で1114であるのに対して，避難確保計画を作成済みの施設数は843，避難確保・浸水防止計画を作成済みの施設数は790である。このうち，計画に基づく避難訓練を実施している施設の数は420である（平成29（2017）年3月31日時点）[118]。

平成27（2015）年8月に前述の地下街・地下鉄等ワーキンググループの検討結果が取りまとめられた。その概要を図5.13に示す。

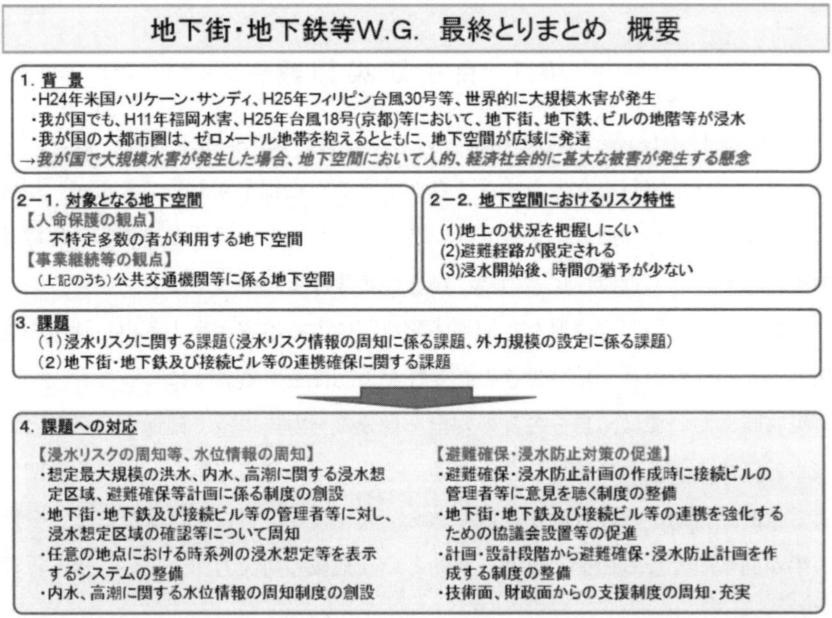

図5.13 地下空間の浸水対策，地下街・地下鉄等ワーキンググループ最終とりまとめ（概要）（出典：国土交通省ホームページ：水管理・国土保全＞防災＞自衛水防（企業防災）＞地下空間の浸水対策，地下街・地下鉄等ワーキンググループ最終とりまとめ（概要）[119]）

6

地域の防災活動

本章では，地域における防災活動に注目し，自主防災組織の法制度上の位置付けと現状を解説するとともに，消防団・水防団について法制度上の位置付けと課題を述べる。

6.1　自　主　防　災　組　織

地域における住民どうしの助け合いや結び付きは，防犯や福祉，教育，環境，さらには災害対応などさまざまな面で有効な役割を果たしてきたが，現代の社会では，地縁，血縁によって構成されていた近隣の関係が崩壊し，地域社会とのつながりや近隣住民との結び付きが希薄になりつつある。

一方で，自然災害や凶悪な犯罪の多発などによる不安が高まる中，地域の住民どうしのつながり，結び付きの必要性が再認識されるようになった。

災害時においては，自分の身の安全を自分の努力によって確保する**自助**と地域や近隣の人が互いに協力し合う**共助**，そして国や都道府県などの行政機関による救助，援助などの**公助**が重要である。大規模な災害になればなるほど公助の手が回らなくなるので，自助，共助という地域の防災力がよりいっそう重要になる。

住民による自主的な防災の機能は低下しつつあったが，平成 7（1995）年 1 月に発生した阪神・淡路大震災の被害を教訓に，「自分たちの地域は自分たちで守る」という観点から自主防災組織の重要性が見直され，各地で自主防災組織の育成が取り組まれるようになった。

昭和 36（1961）年の『災害対策基本法』制定以降，自主防災組織の法制度上の位置付けは，**表 6.1** に示すように変化してきた[120]。

6.1 自 主 防 災 組 織　　　*61*

表6.1　災害対策基本法制定以降の自主防災組織の位置付けの変遷

時　期		背　景	自主防災組織への動き，特徴
第Ⅰ期	昭和30年代	伊勢湾台風の被害を受けて，災害対策基本法が昭和36年11月に成立。	**地域防災意識の芽生え** ○ 防災基本計画において，公的な文書の中で「自主防災組織」ということばが初めて使われた。 ○ この時期はまだ被災者救援を効率化する行政への協力組織の一つとして位置付けられていた。
第Ⅱ期	昭和40年代後半	大都市震災対策推進要綱が中央防災会議で策定される。	**自主防災組織による地域防災力の醸成** ○ 消防庁防災業務計画を改定し，大都市震災対策の一つとして自主防災組織の整備について初めて規定。 （この時期の自主防災組織の特徴） ① 地震災害対応中心 ② 都市部での災害対応を想定 ③ 発災初期の減災への組織的な対応 ④ 組織化の主たる基盤は町内会　　　など
第Ⅲ期	昭和50年代	「東海地震説」の発表（昭和51年）。 宮城県沖地震（昭和53年），長崎水害（昭和57年）などの大規模災害が発生。	**自主防災組織の結成，環境整備の促進** ○ 自主防災組織の結成が進み，資機材整備費用の助成，訓練時の事故に対する補償制度創設などの環境整備がなされた。 （この時期の自主防災組織の特徴） ① 地震のみならず風水害等災害全般を視野 ② 地方においても自主防災組織が必要 ③ 活動カバー率の地域間格差の存在　　　など
第Ⅳ期	平成7年以降	阪神・淡路大震災が発生（平成7年1月）。 地域の安心・安全な暮らしを脅かす不安の多様化。 （自然災害，犯罪など） 平成16年5月の経済財政諮問会議において「地域安心安全アクションプラン」が示される。	**地域防災力の重要性の再確認** ○ 災害対策基本法の改正では，初めて「自主防災組織」の育成が行政の責務の一つとして明記された。 ○ 自主防災組織の育成強化に向けて，リーダー養成や指針等の策定などを今後行うべきこととして具体的に示される。 ○ 資機材整備を促進するための国庫補助制度※が創設され，全国的に自主防災組織結成が促進される。 **地域の安心・安全な暮らしへの新たな取組みへ** ○ 地域において安心・安全な生活を確保していくため，コミュニティ活動をベースとした地域の防災・防犯体制の強化を図ることが重要となる。 ○ 自主防災組織や各種団体などと連携し，安心安全パトロールや初期消火，応急手当などを総合的に実施する「地域安心安全ステーション」の展開。

（もと参考文献：「自主防災組織」その経緯と展望（黒田洋司 平成11年地域安全学会論文報告集）
（出典：総務省消防庁：自主防災組織の手引 −コミュニティと安心・安全なまちづくり−[120])

62 　　　　　6章　地域の防災活動

災害対策基本法では，自主防災組織に関し，つぎのように規定されている。

災害対策基本法（昭和36年法律第223号）

（基本理念）

第二条の二　災害対策は，次に掲げる事項を基本理念として行われるものとす
　る。

　二　国，地方公共団体及びその他の公共機関の適切な役割分担及び相互の連携
　　協力を確保するとともに，これと併せて，住民一人一人が自ら行う防災活動
　　及び自主防災組織（住民の隣保協同の精神に基づく自発的な防災組織をい
　　う。以下同じ。）その他の地域における多様な主体が自発的に行う防災活動
　　を促進すること。

（市町村の責務）

第五条

　2　市町村長は，前項の責務を遂行するため，消防機関，水防団その他の組織の
　　整備並びに当該市町村の区域内の公共的団体その他の防災に関する組織及び自
　　主防災組織の充実を図るほか，住民の自発的な防災活動の促進を図り，市町村
　　の有する全ての機能を十分に発揮するように努めなければならない。

（住民等の責務）

第七条

　3　前二項に規定するもののほか，地方公共団体の住民は，基本理念にのっと
　　り，食品，飲料水その他の生活必需物資の備蓄その他の自ら災害に備えるため
　　の手段を講ずるとともに，防災訓練その他の自発的な防災活動への参加，過去
　　の災害から得られた教訓の伝承その他の取組により防災に寄与するように努め
　　なければならない。

（施策における防災上の配慮等）

第八条

　2　国及び地方公共団体は，災害の発生を予防し，又は災害の拡大を防止するた
　　め，特に次に掲げる事項の実施に努めなければならない。

　十三　自主防災組織の育成，ボランティアによる防災活動の環境の整備，過去
　　の災害から得られた教訓を伝承する活動の支援その他国民の自発的な防災活
　　動の促進に関する事項

　さらに，平成23（2011）年の東日本大震災を経て，災害対策基本法が平成
24（2012）年6月と平成25（2013）年6月の2回にわたって改正され，自主

6.1 自主防災組織

防災組織に関しても改められた。第一弾改正のおもなポイントは

① 大規模広域な災害に対する即応力の強化

② 大規模広域災害時における被災者対応の改善

③ 防災力の向上

の3点であり，③防災力の向上 は，教訓伝承，防災教育の強化や多様な主体の参画により地域の防災力を向上しようとするものであり，地域防災計画に多様な意見を反映できるよう，地方防災会議の委員として，「自主防災組織を構成する者又は学識経験のある者（第15条5項)」が追加された。これには，広く自主防災組織の代表者等や大学教授等の研究者のほか，ボランティアなどのNPOや，女性・高齢者・障害者団体等の代表者等を想定している旨，都道府県に対する通知により周知している[121]。これは，東日本大震災において障害者，高齢者，妊産婦などの災害時要援護者や女性への情報提供，避難，避難生活などさまざまな場面で対応が不十分であったとの指摘があることを踏まえたものである[122]。

第二弾改正のおもなポイントは

① 災害に対する即応力の強化など

② 住民などの円滑かつ安全な避難の確保

③ 被災者保護対策の改善

④ 平素からの防災への取組みの強化

⑤ その他

とされており，②住民などの円滑かつ安全な避難の確保に関連して，市町村長は，高齢者，障害者などの災害時の避難に特に配慮を要する者について名簿を作成することが義務付けられた。そして，本人からの同意を得て消防，民生委員および自主防災組織などの関係者にあらかじめ情報提供するものとするほか，名簿の作成に際し必要な個人情報を利用できることとされた（第49条の10 〜 13)。

自主防災組織は，『消防組織法』や『国民保護法』（武力攻撃事態等における国民の保護のための措置に関する法律）においては，つぎのように記載されている。

消防組織法（昭和 22 年法律第 226 号）

（消防庁の任務及び所掌事務）

第四条

2　消防庁は，前項の任務を達成するため，次に掲げる事務をつかさどる。

二十七　住民の自主的な防災組織が行う消防に関する事項

（教育訓練の機会）

第五十二条

2　国及び地方公共団体は，住民の自主的な防災組織が行う消防に資する活動の促進のため，当該防災組織を構成する者に対し，消防に関する教育訓練を受ける機会を与えるために必要な措置を講ずるよう努めなければならない。

武力攻撃事態等における国民の保護のための措置に関する法律
（平成 16 年法律第 112 号）

（国民の協力等）

第四条

3　国及び地方公共団体は，自主防災組織（災害対策基本法（昭和三十六年法律第二百二十三号）第二条の二第二号の自主防災組織をいう。以下同じ。）及びボランティアにより行われる国民の保護のための措置に資するための自発的な活動に対し，必要な支援を行うよう努めなければならない。

（国民の協力等）

第百七十三条

3　国及び地方公共団体は，自主防災組織及びボランティアにより行われる緊急対処保護措置に資するための自発的な活動に対し，必要な支援を行うよう努めなければならない。

また，平成 23（2011）年東日本大震災を契機に，平成 25（2013）年 12 月，議員立法により制定された『消防団を中核とした地域防災力の充実強化に関する法律』にも，自主防災組織がつぎのように記載された。

6.1 自主防災組織

消防団を中核とした地域防災力の充実強化に関する法律
（平成 25 年法律第 110 号）

（目的）

第一条　この法律は，わが国において，近年，東日本大震災という未曾有の大災害をはじめ，地震，局地的な豪雨等による災害が各地で頻発し，住民の生命，身体及び財産の災害からの保護における地域防災力の重要性が増大している一方，少子高齢化の進展，被用者の増加，地方公共団体の区域を越えて通勤等を行う住民の増加等の社会経済情勢の変化により地域における防災活動の担い手を十分に確保することが困難となっていることに鑑み，地域防災力の充実強化に関し，基本理念を定め，並びに国及び地方公共団体の責務等を明らかにするとともに，地域防災力の充実強化に関する計画の策定その他地域防災力の充実強化に関する施策の基本となる事項を定めることにより，住民の積極的な参加の下に，消防団を中核とした地域防災力の充実強化を図り，もって住民の安全の確保に資することを目的とする。

（定義）

第二条　この法律において，「地域防災力」とは，住民一人一人が自ら行う防災活動，<u>自主防災組織</u>（災害対策基本法（昭和三十六年法律第二百二十三号）第二条の二第二号に規定する自主防災組織をいう。以下同じ。），消防団，水防団その他の地域における多様な主体が行う防災活動並びに地方公共団体，国及びその他の公共機関が行う防災活動の適切な役割分担及び相互の連携協力によって確保される地域における総合的な防災の体制及びその能力をいう。

（基本理念）

第三条　地域防災力の充実強化は，住民，<u>自主防災組織</u>，消防団，水防団，地方公共団体，国等の多様な主体が適切に役割分担をしながら相互に連携協力して取り組むことが重要であるとの基本的認識の下に，地域に密着し，災害が発生した場合に地域で即時に対応することができる消防機関である消防団がその中核的な役割を果たすことを踏まえ，消防団の強化を図るとともに，住民の防災に関する意識を高め，自発的な防災活動への参加を促進すること，<u>自主防災組織等の活動を活性化すること等により，地域における防災体制の強化を図る</u>ことを旨として，行われなければならない。

（国及び地方公共団体の責務）

第四条　国及び地方公共団体は，前条の基本理念にのっとり，地域防災力の充実強化を図る責務を有する。

66   6章　地域の防災活動

2　国及び地方公共団体は，その施策が，直接的なものであると間接的なもので
あるとを問わず，地域防災力の充実強化に寄与することとなるよう，意を用い
なければならない。

3　国及び地方公共団体は，地域防災力の充実強化に関する施策を効果的に実施
するため必要な調査研究，情報の提供その他の措置を講ずるものとする。

（住民の役割）

第五条　住民は，第三条の基本理念にのっとり，できる限り，居住地，勤務地等
の地域における防災活動への積極的な参加に努めるものとする。

（関係者相互の連携及び協力）

第六条　住民，自主防災組織，市町村の区域内の公共的団体その他の防災に関す
る組織，消防団，水防団，地方公共団体，国等は，地域防災力の充実強化に関
する施策が円滑に実施されるよう，相互に連携を図りながら協力しなければな
らない。

　消防庁の「地方防災行政の現況」（平成30年1月）によると，自主防災組織
は，平成29年4月1日現在，1741市町村のうち1679団体（96.4％）で設置
されており，自主防災組織数は16万4195組織，自主防災組織活動カバー率
（全世帯数のうち自主防災組織の活動範囲に含まれている地域の世帯数の割合）
は82.7％である。このうち，町内会単位で結成されている自主防災組織は15
万5062組織（94.4％），小学校区単位で結成されているのが3520組織
（2.2％），その他が5613組織（3.4％）となっている。自主防災組織の隊員数
は，4389万1434人である。

　市町村における自主防災組織の位置付けとしては，平成29年4月1日現在，
地域防災計画に自主防災組織に関する事項を規定している市町村は1525団体
（87.6％），自主防災組織の設置に関する条例または規則を定めている市町村は
63団体（3.6％），要綱を定めている市町村は511団体（29.4％）である。自
主防災組織の平常時の任務は，主として防災訓練，防災知識の啓発とされてお
り，災害時の任務は，主として情報の収集・伝達，初期消火，住民の避難誘導
となっている[123]。

自主的な防災活動が効果的かつ組織的に行われるためには，地域ごとに自主防災組織を整備し，災害時における情報収集伝達・警戒避難体制の整備，防災用資機材の備蓄，大規模な災害を想定しての防災訓練の積み重ねなどが重要である。また，自主防災組織の育成強化を図るため，リーダーの育成，組織運営のノウハウの研修の開催や，組織相互間の情報交換を進め交流を図ることが重要である[124]。

6.2 消防団・水防団

6.2.1 消　防　団

消防団は，消防組織法に基づいて，市町村に設置される消防機関である。消防団の活動範囲は多岐にわたっており，火災の鎮圧だけでなく，地震，風水害など大規模災害時の救助，救出，避難誘導，警戒，防除などに関する業務や平常時における訓練や住民への啓発，広報活動，防火指導，救急指導などがある。地域における消防防災のリーダーとして，平常時・非常時を問わずその地域に密着し，住民の安心と安全を守るという重要な役割を担っている。

消防署に交替で勤務したり，消防本部に勤務する消防職員は，市町村の職員と同じ常勤の地方公務員であるのに対し，消防団員は普段は生業を持ちながら，災害発生時や訓練時に自宅や職場などから出動して活動する非常勤特別職の地方公務員である。消防団員は『地方公務員法』の適用を受けないので各市町村が条例で身分を定めている。消防団員は，条例に基づいて報酬や出動手当が支給されるほか，活動中に死亡，もしくは負傷または疾病にかかった場合には公務災害補償が受けられる[125]。

消防団員数は，少子高齢化による若年層の減少，就業構造の変化，地域社会への帰属意識の希薄化などにより減少が続いている。特に，東日本大震災以降の減少数が大きく，現在の消防団員数は85万331人となっている（**図6.1**）[126]。

消防の常備化が進展している現在においても，消防団の果たす役割はたいへん重要であり，消防本部・消防署（常備消防）が置かれていない非常備町村にあっては，消防団が消防活動を全面的に担っている。消防団は，団員数の減

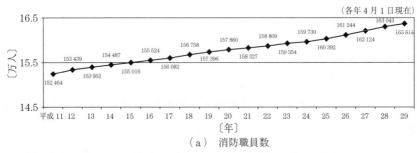

(a) 消防職員数

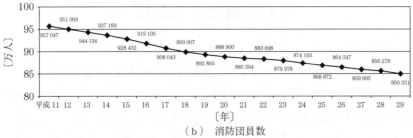

(b) 消防団員数

(備考) 1.「消防防災・震災対策現況調査」により作成。
2. 東日本大震災の影響により，平成23年の岩手県，宮城県および福島県の消防職員数については，前年数値（平成22年4月1日現在）により集計している。
3. 東日本大震災の影響により，平成24年の宮城県牡鹿郡女川町の数値は，前々年数値（平成22年4月1日現在）により集計している。

図6.1 消防職員数と消防団員数の変遷
(出典：総務省消防庁ホームページ：消防団データ集＞消防団に関する数値データ[127])

少，団員の高齢化，サラリーマン団員の増加など進行しているが，女性団員は着実に増加している。今後，いっそう重要な役割を担えるよう，団員数の確保が求められる[128]。

6.2.2 水　防　団

　水防は古くから村落などを中心とする自治組織により担われてきた経緯などから，第一次的責任は市町村（あるいは水防事務組合，水害予防組合）が有している。『水防法』ではこれらの団体を**水防管理団体**として定め，水防事務を処理させることができることとしており，平成28（2016）年4月1日現在，全国で1 739の水防管理団体が組織されている[129]。

6.2 消防団・水防団

　水防管理団体は，水防活動を行う**水防団**を設置することができるほか，常設の消防機関をその統括下において水防活動に従事させることができることとされている。消防組織法第1条において，「消防は，その施設及び人員を活用して，国民の生命，身体及び財産を火災から保護するとともに，水火災又は地震等の災害を防除し，及びこれらの災害による被害を軽減するほか，災害等による傷病者の搬送を適切に行うことを任務とする」と規定されていることから，水災の防除が消防団の任務に含まれると解されている。

　一方，都道府県は，水防管理団体が水防の効果を発揮するために必要な水防計画の作成，洪水予報や水防警報の発表・通知，緊急時の避難指示，水防費の補助などを行うこととされている[130]。

　水防団員は，水防法に規定された水防団の団員であり，非常勤の特別職地方公務員である。消防団員とともに水防管理団体（水防管理者）の所轄のもとに水防活動を行うこととなっており，平常時は各自の職業に従事しながら，非常時には水防管理者の指示により参集し水防活動に従事する。平成28（2016）年4月1日現在，もっぱら水防活動を行う水防団員は1万3988人となっている[128),131]。

水防法（昭和24年法律第193号）

（水防の機関）

第五条　水防管理団体は，水防事務を処理するため，水防団を置くことができる。

2　前条の規定により指定された水防管理団体（以下「指定管理団体」という。）は，その区域内にある消防機関が水防事務を十分に処理することができないと認める場合においては，水防団を置かなければならない。

3　水防団及び消防機関は，水防に関しては水防管理者の所轄の下に行動する。

（水防団）

第六条　水防団は，水防団長及び水防団員をもって組織する。

2　水防団の設置，区域及び組織並びに水防団長及び水防団員の定員，任免，給与及び服務に関する事項は，市町村又は水防事務組合にあっては条例で，水害予防組合にあっては組合会の議決で定める。

70　　　　　　　　6章　地域の防災活動

　水防団は，災害発生時の洪水や高潮などの被害を最小限に食い止めるための活動のほか，水防月間や水防訓練その他の機会を通じて広く地域住民などに対し水防の重要性の周知や水防思想の高揚のための啓発，訓練および危険箇所の巡回・点検などの活動を行っている。

　水防団員数は減少傾向にあることに加え，大都市周辺における団員の地域外勤務による昼間不在，あるいは季節的地域外勤務による長期不在のため，現実には出動できない団員の増加などの問題が起きている[128]。

　水防管理団体の長たる水防管理者は，気象に関する警報，河川に関する情報や水防警報などを踏まえ，水防団や消防機関（以下「水防機関」）に出動命令を出す。水防機関は，洪水などによる被害を防止あるいは軽減するため，河川堤防などで水防工法等を駆使した活動を行う。また，水防機関には，道路の優先通行，警戒区域の設定などの水防活動上必要な権能が付与されるとともに，国土交通大臣および都道府県知事には，水防管理者，水防団などに対する緊急時における指示権が与えられている。被害が大きくなった場合などには，水防管理者は警察に対して援助を求めることができるほか，都道府県知事は自衛隊の派遣を要請することができる。国土交通省も，被災市町村の支援のため，河川の監視活動や排水ポンプ車による排水活動，破堤した堤防の仮締切といった**特定緊急水防活動**を行うことができる[132]。

7

災害応急対策

　本章では，災害が発生した際の災害応急対策について，まず，救急・救護の制度と各機関の取組みを解説し，そのうえで，災害救助や罹災証明の制度や現状を説明する。

7.1 救 急 ・ 救 護

　災害対策の一般法として『災害対策基本法』があり，災害が発生時の被災者を救済・保護する役割を果たす特別法として『災害救助法』がある。災害救助法には，避難所や仮設住宅，炊出し，物資提供，医療，被災者救出，住宅応急修理，資金提供，遺体の埋葬などがすべて規定されている。災害救助法によって，災害救助を行う主体，方法，そして費用の負担などが定められている。

　災害救助法には，人命救助に直結するものとして「医療及び助産」（第4条1項第4号），「被災者の救出」（第4条1項第5号）が規定され，消防隊，自衛隊，警察などによる人命救助とは別に，自治体の担当者も被災者を救う責務を有するとされている。また，救助には「死体の捜索及び処理」（第4条1項第10号，災害救助法施行令第2条第1号），「埋葬」も含まれる（災害救助法第4条1項第9号）。

　警察や消防，および自衛隊が行う救急・救護活動については，以下のとおりである。

7.1.1 警 察 の 活 動

　警察の組織法である『警察法』は，「個人の権利と自由を保護し，公共の安全と秩序を維持するため，民主的理念を基調とする警察の管理と運営を保障

し，且つ，能率的にその任務を遂行するに足る警察の組織を定める」ことを目的としており，警察の責務は「個人の生命，身体及び財産の保護に任じ，犯罪の予防，鎮圧及び捜査，被疑者の逮捕，交通の取締その他公共の安全と秩序の維持に当ること（第2条1項）」としている。平時と災害時の区別はないので，災害応急活動が主たる活動目的ということではない。

さらに，『警察官職務執行法』第3条に「警察官は，異常な挙動その他周囲の事情から合理的に判断して次の各号のいずれかに該当することが明らかであり，かつ，応急の救護を要すると信ずるに足りる相当な理由のある者を発見したときは，取りあえず警察署，病院，救護施設等の適当な場所において，これを保護しなければならない。」とし，同条第2号に「迷い子，病人，負傷者等で適当な保護者を伴わず，応急の救護を要すると認められる者（本人がこれを拒んだ場合を除く。）」としている。この規定は平時と災害時の区別をしていないが，警察官による被災者救護活動の根拠となっている[133]。

阪神・淡路大震災の経験を踏まえ，災害対策のエキスパートチームとして，平成7（1995）年6月に全国の都道府県警察に**広域緊急援助隊**が設置され，自然災害が起きたときには，被災者の救出，避難誘導，緊急交通路確保などの活動をしている。東日本大震災でも，献身的に行方不明者の捜索などを行った[134]。

7.1.2 消 防 の 活 動

『消防組織法』第1条に「消防は，その施設及び人員を活用して，国民の生命，身体及び財産を火災から保護するとともに，水火災又は地震等の災害を防除し，及びこれらの災害による被害を軽減するほか，災害等による傷病者の搬送を適切に行うことを任務とする。」としており，『消防法』は第1条に「この法律は，火災を予防し，警戒し及び鎮圧し，国民の生命，身体及び財産を火災から保護するとともに，火災又は地震等の災害による被害を軽減するほか，災害等による傷病者の搬送を適切に行い，もって安寧秩序を保持し，社会公共の福祉の増進に資することを目的とする。」としている。これらの規定が，消防

7.1 救 急 ・ 救 護　　　73

職員および消防団員が災害応急活動の根拠となっている[133]。

　平成7（1995）年の阪神・淡路大震災を教訓として，東京消防庁が平成8（1996）年12月に消防救助機動部隊（ハイパーレスキュー隊）を組織した。2004年10月新潟県中越地震の岩盤崩落現場で幼児を救い出したのは有名だが，その法的根拠は「救助隊の編成，装備及び配置の基準を定める省令」にある。これによると，人口規模に応じて「特別救助隊」，「高度救助隊」，そして「特別高度救助隊」が編成・配置されることとされている[135]。

7.1.3　自衛隊の活動

　自衛隊の組織法である『自衛隊法』は，自衛隊の任務を第1条に「わが国の平和と独立を守り，国の安全を保つため，わが国を防衛することを主たる任務とし，必要に応じ，公共の秩序の維持に当たるものとする。」としている。そして，同法第83条に，自衛隊の行動の一つとして災害派遣を定めている。さらに，同法第94条の3第1項に「第83条第2項の規定により派遣を命ぜられた部隊等の自衛官は，災害対策基本法及びこれに基づく命令の定めるところにより，同法第5章第4節に規定する応急措置をとることができる」としており，自衛官が行う災害応急対策の根拠となっている[133]。

7.1.4　国土交通省緊急災害対策派遣隊（TEC–FORCE）の活動

　国土交通省は，平成20（2008）年4月，大規模自然災害への備えとして，迅速に地方公共団体などへの支援が行えるよう，**緊急災害対策派遣隊（TEC–FORCE）** を創設した。TEC-FORCE は，大規模な自然災害などに際して，被災自治体が行う被災状況の迅速な把握，被害の拡大の防止，被災地の早期復旧などに対する技術的な支援を円滑かつ迅速に実施するものである。TEC–FORCE 隊員は全国の地方整備局を主体に職員が任命されており（平成29（2017）年10月現在，9408人），災害の規模によっては全国から集結する。国土交通省防災業務計画などに位置付けれられているが[136]，今後さらに法律上明確に位置付けることが望ましい。

発足以来，平成 30（2018）年 3 月末までに東日本大震災をはじめ 81 の災害に対し，延べ 6 万人・日を超える地方整備局などの職員により被災地支援を実施した。2011 年東日本大震災の際には，最大 500 人を超える隊員が，排水ポンプ車による排水活動，市町村リエゾンによる地方自治体支援，道路・堤防の被災状況の把握などを実施した[137]。

7.2 災 害 救 助

7.2.1 災害対策基本法と災害救助法

わが国の災害対策法制は，災害の予防，発災後の応急期の対応および災害からの復旧・復興の各段階を網羅的にカバーする『災害対策基本法』を中心に，各段階において，災害類型に応じておのおのの個別法によって対応する仕組みとなっている。発災後の応急期に対応するものとしては，前述の警察法，消防法，自衛隊法などの個別法のほか，応急的な救助や保護全般に対応する主要な法律として『災害救助法』がある[138]。

災害対策基本法においては，第 4 条第 1 項に都道府県の責務として「都道府県は，基本理念にのっとり，当該都道府県の地域並びに当該都道府県の住民の生命，身体及び財産を災害から保護するため，関係機関及び他の地方公共団体の協力を得て，当該都道府県の地域に係る防災に関する計画を作成し，及び法令に基づきこれを実施するとともに，その区域内の市町村及び指定地方公共機関が処理する防災に関する事務又は業務の実施を助け，かつ，その総合調整を行う責務を有する。」とし，第 5 条第 1 項に市町村の責務として「市町村は，基本理念にのっとり，基礎的な地方公共団体として，当該市町村の地域並びに当該市町村の住民の生命，身体及び財産を災害から保護するため，関係機関及び他の地方公共団体の協力を得て，当該市町村の地域に係る防災に関する計画を作成し，及び法令に基づきこれを実施する責務を有する。」と規定している。さらに，第 62 条第 1 項に，市町村の応急措置として「市町村長は，当該市町村の地域に係る災害が発生し，又はまさに発生しようとしているときは，法令又は地域防災計画の定めるところにより，消防，水防，救助その他災害の発生

を防禦し，又は災害の拡大を防止するために必要な応急措置をすみやかに実施しなければならない」と規定している。

一方，災害対策基本法に対する特別法である災害救助法では，第1条に「この法律は，災害に際して，国が地方公共団体，日本赤十字社その他の団体及び国民の協力の下に，応急的に，必要な救助を行い，被災者の保護と社会の秩序の保全を図ることを目的とする」とし，第2条に「この法律による救助は都道府県知事が，（中略），これを行う」と定めている。そして，第13条第1項に「都道府県知事は，救助を迅速に行うため必要があると認めるときは，政令で定めるところにより，その権限に属する救助の実施に関する事務の一部を市町村長が行うこととすることができる」，同条第2項に「前項の規定により市町村長が行う事務を除くほか，市町村長は，都道府県知事が行う救助を補助するものとする」と規定している。

すなわち，一定規模に満たない災害が発生した際の救助は市町村の責務であり，一定規模以上の災害に際しての救助は災害救助法によって都道府県の責務とし，市町村長がこれを補助するとしている。なお，災害救助法第15条第1項により，日本赤十字社は救助に協力しなければならないと定められている。

7.2.2 災害救助法による救助

災害救助法が適用されるには指定の基準を満たす必要があり，住家の被害の程度（1～3号基準）や生命・身体の危険の程度（4号基準）に基づく基準が，災害救助法施行令第1条第1項に定められている。災害救助法適用の流れを図 **7.1** に示す。

災害救助法による救助は，つぎの五つの原則に基づいて行われる[139]。

① 　平等の原則…救助を要する被災者には，事情のいかんを問わず，また経済的な要件を問わずに，等しく救助の手を差し伸べる。

② 　必要即応の原則…個々の被災者ごとに，どのような救助がどの程度必要かを判断して必要な範囲で救助を行う。

③ 　現物給付の原則…救助は現物をもって行うことを原則とする。

7章 災害応急対策

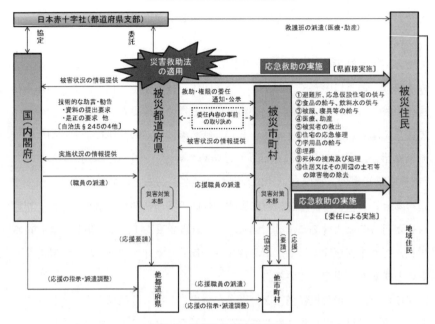

図7.1 災害救助法適用の流れ
(出典：内閣府防災（被災者行政担当）：平成29年度災害救助法等担当者全国会議 資料1-1 災害救助法について[138]）

④ **現在地救助の原則**…救助は，緊急，円滑かつ迅速にを行うため，被災者の現在地において実施することを原則とし，現在地を所管する都道府県知事が救助を行う。

⑤ **職権救助の原則**…応急のため被災者の申請を待つことなく，都道府県知事がその職権によって救助を行う。

災害救助法により被災者が受けることができるサービスが，内閣総理大臣が定める一般基準に示されている。そのうちの避難所の設置および応急仮設住宅の供与について示すと**表7.1**および**表7.2**のとおりである。そのほか，食品・飲料水の提供，被服・寝具などの供与，医療・助産，被災者の救出，住宅の応

7.2 災 害 救 助

表7.1 避難所の設置

対象者	災害により現に被害を受け，または受けるおそれのある者
費用の限度額	1人1日当り320円以内
救助期間	災害発生の日から7日以内
対象経費	避難所の設置，維持および管理のための賃金職員雇上費，消耗器材費，建物などの使用謝金，借上費または購入費，光熱水費ならびに仮設便所などの設置費

表7.2 応急仮設住宅の供与

（a）建設型仮設住宅

対象者	住家が全壊，全焼または流出した者であって，自らの資力では住宅を確保できない者
費用の限度額	1戸当り平均5 516 000円以内
住宅の規模	応急救助の趣旨を踏まえ，実施主体が地域の実情，世帯構成などに応じて設定
集会施設の設置	おおむね50戸に1施設設置可
着工時期	災害発生の日から20日以内
救助期間	完成の日から最長2年（『建築基準法』85条）

（b）借上型仮設住宅

対象者	住家が全壊，全焼または流出した者であって，自らの資力では住宅を確保できない者
費用の限度額	地域の実情に応じた額
住宅の規模	世帯の人数に応じて建設型仮設住宅で定める規模に準じる規模
着工時期	災害発生の日から速やかに提供
救助期間	最長2年（建設型仮設住宅と同様）

急修理，学用品の給与，埋葬，死体の捜索，障害物の除去などについても一般基準が示されている[138]。なお，一般基準によっては救助の適切な実施が困難な場合に，都道府県知事が内閣総理大臣に協議してその同意のうえに定める特別基準を適用する場合がある[140]。

78　　　　　　　　　7章　災害応急対策

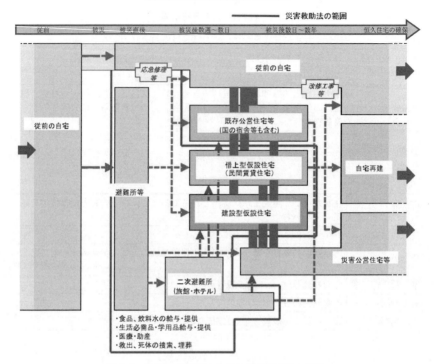

図7.2　住まいの視点から見た災害救助法の救助
（出典：内閣府防災（被災者行政担当）：平成29年度災害救助法等担当者全国会議
資料 1-1 災害救助法について[138]）

　住まいの視点から見た災害救助法による救助については，図7.2のとおり示される。

　災害救助法による応急対応のあとを引き継いで私有財産である家屋などの再建を支援するための法律として，『被災者生活再建支援法』がある。平成7（1995）年の阪神・淡路大震災を契機に制定され，被災者への支援に道を開いた法律である。災害救助法との関係を図示すると，図7.3のとおりである。

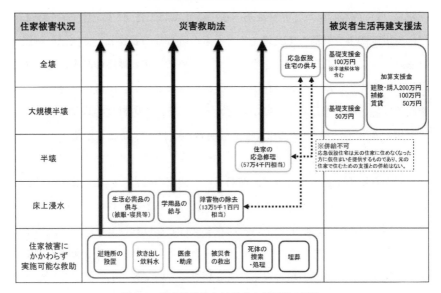

図 7.3 災害救助法と被災者生活再建支援法
(出典:内閣府防災(被災者行政担当):平成29年度災害救助法等担当者全国会議 資料1-1 災害救助法について[138])

7.3 罹災証明制度

　罹災証明書は,平成23(2011)年の東日本大震災以前には法令上の明示的な位置付けはなかったものの,災害により被災した住家などの被害の程度を証明したものであり,災害対策にかかわる市町村の自治事務の一つとして,かねてから災害発生時に被災者に交付されていた。罹災証明書は,被災者生活再建支援金の支給や住宅の応急修理,義援金の配分などの支援措置の適用の判断材料として幅広く活用され,被災者支援の適切かつ円滑な実施を図るうえできわめて重要な役割を果たしているが,市町村によっては,罹災証明書の発行の前提となる住家被害調査の実施体制が十分でなかったことから,東日本大震災の際には,罹災証明書の交付に長期間を要したため結果として被災者支援の実施に遅れが生じた事例も少なくなかった。

平成 25（2013）年の災害対策基本法の改正では，そういった経緯を踏まえて，罹災証明書を遅滞なく交付することを市町村長の義務として法律に位置付けるとともに，これを実効あるものとするために，住家被害の調査に従事する職員の育成や他の地方公共団体等との連携確保など罹災証明書の交付に必要な業務の実施体制の確保に平常時から努めることを，市町村長の義務とした[141]。

災害対策基本法第 90 条の 2（罹災証明書の交付）を新設し，第 1 項に「市町村長は，当該市町村の地域に係る災害が発生した場合において，当該災害の被災者から申請があったときは，遅滞なく，住家の被害その他当該市町村長が定める種類の被害の状況を調査し，当該災害による被害の程度を証明する書面（次項において「罹災証明書」という。）を交付しなければならない。」，第 2 項に「市町村長は，災害の発生に備え，罹災証明書の交付に必要な業務の実施体制の確保を図るため，前項の規定による調査について専門的な知識及び経験を有する職員の育成，当該市町村と他の地方公共団体又は民間の団体との連携の確保その他必要な措置を講ずるよう努めなければならない。」と規定した。

災害の規模については，個々の被災者にとってその生活再建が重要な問題であることは災害全体の規模とは直接関係がないものであり，市町村においては，異常な自然現象により当該市町村の区域内の住家等に被害が発生した場合には，具体的な被害戸数にかかわらず，被災者からの申請に応じて被害状況を調査し，罹災証明書を交付するよう運用することとしている。住家の被害認定基準に関しては，従来から国として「災害の被害認定基準」および「災害に係る住家の被害認定基準運用指針」を示しており，各市町村は，これらの基準・指針を踏まえて，災害時に罹災証明書の発行が円滑に行われるよう適切に取り計らうこととしている。なお，罹災証明書に記載される住家被害などの調査結果は，その後の被災者支援の内容に大きな影響を与えうるものであることから，被災者から市町村に住家被害等の再調査を依頼することが可能であることを，被災住民に十分周知することとしている[141]。

災害の被害認定基準は，かつては関係各省庁の通達などで定められ，各省庁に判断基準の差異があったため，昭和 43（1968）年に統一された。そして，

30 数年を経過し，特に住家の被害について住宅構造や仕様の変化などから被害認定が実情に合わないなどの指摘があったことから，平成 13（2001）年，住家の全壊・半壊にかかわる認定基準を見直して統一基準を改めた[142]。

その後，平成 19 年 11 月の被災者生活再建支援法改正の際に，衆議院において「浸水被害，地震被害の特性にかんがみ，被害の実態に即して適切な運用が確保されるよう検討を加えること」との附帯決議がなされたことなどを踏まえ，平成 21（2009）年 6 月に運用指針を改定した。また，平成 23（2011）年の東日本大震災に際しては，液状化した地盤にかかわる住家被害認定の合理化，津波による住家被害認定の迅速化を目的とした事務連絡を発出するなどの特例措置を実施し，その内容を運用指針に一本化するなどの改定を平成 25（2013）年 6 月に実施した。

その後，平成 27（2015）年の関東・東北豪雨，平成 28（2016）年の熊本地震，平成 29（2017）年も九州北部豪雨などの大規模な災害での経験を踏まえ，住家の被害認定調査を効率化・迅速化する観点から検討を加え，平成 30（2018）年 3 月に運用指針を改定した[143]。

住家の被害認定は「災害の被害認定基準」などに基づき，市町村が**表 7.3**の① または ② のいずれかによって行うこととしている。

また，改定の概要は，**表 7.4** のとおりである。

表 7.3　住家の被害認定の概要

	全　壊	半　壊	
		大規模半壊	その他
① 損壊基準判定 　住家の損壊，焼失，流失した部分の床面積の延床面積に占める損壊割合	70 % 以上	50 % 以上 70 % 未満	20 % 以上 50 % 未満
② 損害基準判定 　住家の主要な構成要素の経済的被害の住家全体に占める損害割合	50 % 以上	40 % 以上 50 % 未満	20 % 以上 40 % 未満

（出典：内閣府防災情報のページ：防災対策制度＞災害に係る住家の被害認定 災害に係る住家の被害認定の概要[144]）

82   7章　災害応急対策

表 7.4　運用指針改定の概要

1．写真を活用した判定の効率化・迅速化
・航空写真等を活用して「全壊」の判定が可能（例：現地調査が行えない場合，倒壊・流出等の住家の集中が想定される場合等）*
・地震保険の手法等も参考に，被災者が撮影した写真から「半壊に至らない」（損害割合 20 ％未満）と判定することを推奨*
・写真の撮影・管理方法や災害種別ごとの撮影手順などを詳細に記述*
2．地盤等の被害に係る判定の効率化・迅速化
・斜面崩壊等による不同沈下や傾斜が発生した場合は，液状化等の際に用いる簡易な判定方法（傾斜の判定）の活用が可能
・地盤面の亀裂が住家の直下を縦断・横断（対面する二辺と交差）する場合は，外観による判定のみで「全壊」の判定が可能
3．水害に係る判定の効率化・迅速化
・津波，越流，がれきの衝突等の外力が作用することによる「一定以上の損傷」を「外壁及び建具の損傷程度が 50 ～ 100 ％」と明確化
・第 1 次調査で床上浸水 30cm 未満では，外力作用による「一定以上の損傷」が発生していないときは「半壊に至らない」（損害割合 20 ％未満）の判定が可能（「一定以上の損傷」が発生しているときは，従来どおり床上浸水 1 m 未満で「半壊」と判定）
・土砂等が住家およびその周辺に一様に堆積している場合は，液状化等の際に用いる簡易な判定方法（潜り込みの判定）の活用が可能
・基礎のいずれかの辺が全部破壊し，かつ基礎直下の地盤が流出，陥没している場合は，「全壊」と判定することが可能　等
4．応急危険度判定の結果の活用等による判定の効率化・迅速化
・各種調査（被災建築物応急危険度判定・被災宅地危険度判定・被災度区分判定・地震保険損害調査・共済損害調査）との関係を整理するとともに，被災者に判定・調査の混同が生じないよう，各実施主体が目的等を明確に説明することの重要性を明記
・被害認定調査の効率化・迅速化に資する応急危険度判定の判定結果の活用等に係る記載を充実
・被害認定部局と応急危険度判定部局の非常時の情報共有体制の検討
・必要に応じ，応急危険度判定の判定実施計画や判定結果（調査表や判定実施区域図等）を活用した被害認定調査の実施
・応急危険度判定の傾斜度等の結果を参考にして「全壊」の判定が可能
5．その他
・部位別構成比の見直し（木造・プレハブの場合において，内壁：15 ％ → 10 ％，建具：10 ％ → 15 ％）
・調査票様式の修正要件の見直し（修正について，都道府県が管内市区町村と予め調整し，了解が得られたものであること等）
・地方公共団体が独自に支援する「半壊に至らない」ものについて，細分化して支援等を行っている事例を追加*

* 　『平成 29 年の地方からの提案等に関する対応方針』（平成 29 年 12 月 26 日閣議決定）への対応。
　（出典：内閣府防災情報のページ：防災対策制度＞災害に係る住家の被害認定『住家の被害認定基準運用指針』，『実施体制の手引き』の改定の概要[145]）

8 防災訓練・防災教育

本章では，災害による被害を最小限に食い止めるため，平時における防災訓練の取組みに関する制度上の位置付けを説明するとともに，防災教育の現状を解説する。

8.1 防 災 訓 練

災害時における被害を最小限に食い止めるためには，防災意識を高め，防災活動を円滑に実施する必要がある。そのため，平時において災害についての知識を深め，意識を向上するための防災教育を充実するとともに，災害対応の習熟を図り，住民どうしの協力関係や，地方自治体その他，防災に関係するさまざまな機関との協力体制を構築しておくため，防災訓練などの活動を実施することがきわめて重要である。

災害対策基本法は，都道府県地域防災計画や市町村地域防災計画に教育や訓練について定めることとしているほか（第40条第2項第2号および第42条第2項第2号），災害予防およびその実施責任として，災害の発生または拡大を未然に防止するために行うことの中に教育や訓練を列挙し（第46条第1項第2号），第48条に防災訓練義務を規定している。

内閣府は，平成29（2017）年11月に「防災に関する世論調査」を実施した。東日本大震災後の平成25（2013）年12月に実施された前回調査以来約4年ぶりの調査である。調査は全国の18歳以上の3000人を対象として，調査員による個別面接聴取法で行い，有効回収数は1839人であった。

国や地方公共団体，自治会などにより，毎年，地震や豪雨などを想定した防災訓練が行われているが，いままでに防災訓練に参加したり見学したことはあるかとの質問に対し，「参加したことがある」と答えた者の割合は 40.4 ％であり，前回調査の 39.2 ％と大きな変化はなかった（図 8.1）。都市規模別で見ると，「参加したことがある」と答えた者の割合は小都市で，「訓練が行われていることは知っていたが，参加したり見学したことはない」と答えた者の割合は町村で，「訓練が行われていることを知らなかった」と答えた者の割合は中都市で，それぞれ高くなっているとのことである[146]。

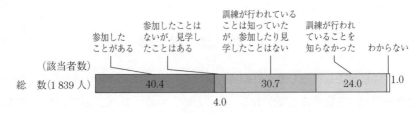

（a）平成 29 年 11 月調査

（出典：内閣府大臣官房政府広報室：世論調査＞平成 29 年度＞防災に関する世論調査[146]）

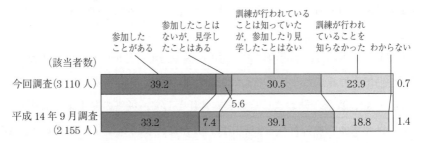

（b）平成 25 年 12 月調査

（出典：内閣府大臣官房政府広報室：世論調査報告書（平成 25 年 12 月調査）防災に関する世論調査[147]）

図 8.1 防災に関する世論調査の結果

自助，共助，公助の対策に関する意識調査においては，災害が起きたときに取るべき対応として，考えに最も近いものはどれか聞いたところ，前回の調査に比べると，自助，共助を重視する意識が相当程度高まっている（図 8.2）[146]。

8.1 防災訓練

(a) 平成29年11月調査

(出典：内閣府大臣官房政府広報室：世論調査＞平成29年度＞防災に関する世論調査[146])

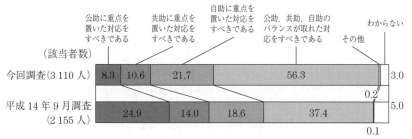

(b) 平成25年12月調査

(出典：内閣府大臣官房政府広報室：世論調査報告書(平成25年12月調査)防災に関する世論調査[147])

図8.2 自助，共助，公助の対策に関する意識調査の結果

災害が発生した場合には，国や地方公共団体を含め防災に関係するすべて機関が一体となって，国民と連携しつつ対応しなければならないことから，関係機関が相互に連携して防災訓練を総合的かつ計画的に実施できるよう，また，防災訓練を通じて多くの国民が防災意識を高めることができるよう，国は毎年度，防災訓練を実施する際の基本的な考え方を総合防災訓練大綱として示している。平成29年度総合防災訓練大綱において，防災訓練の目的をつぎのように掲げている[148]。

① 防災訓練を通じて，防災関係機関の平時からの組織体制の機能確認，評価などを実施し，実効性について検証すること。

② 防災訓練を通じて，災害発生時における各防災関係機関の適切な役割分担と相互に連携協力した実効性ある対応方策を確認するとともに，災害発生に備え，特に国と地方公共団体の関係強化を始め，平時からの防災関係

機関など相互の連携強化を図ること。

③ 防災訓練の実施に当たっては，防災計画等の脆弱点や課題の発見に重点を置き，防災計画等の継続的な改善を図ること。

④ 住民一人ひとりが，防災訓練に際して，日常および災害発生時において「自らが何をするべきか」を考え，災害に対して十分な準備を講じることができることとなるよう，住民の防災に関する意識の高揚と知識の向上を図る機会とすること。

⑤ 行政機関，民間企業を通じた防災担当者の平時からの自己研鑽・自己啓発などが社会の災害対応力向上に直結することに鑑み，各防災担当者が日常の取組みについて検証し，評価する機会とすること。

8.2 防 災 教 育

防災教育においては，災害発生の原理を知ること，社会と地域の現状を理解すること，災害への事前の備え方を学ぶこと，災害発生時の対処の仕方を学ぶこと，そして，災害発生時にそれを実践に移すことが必要となる[149]。

8.2.1 学校現場の防災教育

文部科学省は，学校における防災教育の狙いを，つぎのように三つにまとめている[150]。

① 自然災害などの現状，原因および減災等について理解を深め，現在及び将来に直面する災害に対して，的確な思考・判断に基づく適切な意志決定や行動選択ができるようにする。

② 地震，台風の発生などに伴う危険を理解・予測し，自らの安全を確保するための行動ができるようにするとともに，日常的な備えができるようにする。

③ 自他の生命を尊重し，安全で安心な社会づくりの重要性を認識して，学校，家庭及び地域社会の安全活動に進んで参加・協力し，貢献できるようにする。

8.2 防 災 教 育

学校現場における防災教育は，他の教科と同じく，学習指導要領の枠内で行われているが，「防災教育」という特定の教科があるわけではない。さまざまな教科の中で，防災の狙いに沿った要素を入れて防災教育が進められている。例えば，地域の安全に役立てるための一つの知識として消防施設のあり方などを社会科で，自然災害の発生原理を理科などで，また，どういうときにけがをしやすいのか，安全のためにどんなことに気を付けたらいいかなどを体育や特別活動・安全指導の時間に教えている。

学校現場では，平成10（1998）年に「総合的な学習の時間」を設け，それにより理科や社会という既存の教科ではない形で防災教育を取り上げることも可能になった。しかし，総合的な学習の時間は，ほかにも消費者教育，金融教育，法教育，環境教育など多くの分野からもニーズがある[149]。

8.2.2 学校現場以外の防災教育

防災教育は学校教育以外でも行われる。対象は，学校現場以外の地域や職場などでも多くの取組みが行われている。災害時の行動は，まさに生命にかかわるものとなるから，家庭では，緊急地震速報への対応，避難所の確認，災害時の連絡方法の確認，非常用食料などの備蓄が行われなければならず，そのための家族間でのコミュニケーションが重要である。また地域では，町内会・自治会などの主導で毎年のように防災訓練が実施されているほか，防災用品の配布や勉強会，講演会なども地域によって実施されている。職場においても，避難訓練や，企業によっては従業員に防災マップや防災用品の配布，災害時の連絡・参集方法の確認などを行っているところもある[149]。

9

市町村長の災害対応

本章では，災害に直面した際に，地域の災害対策に一次的責任を負う市町村長の対応が重要であることにかんがみ，災害発生時に市町村長がなすべきことを解説するとともに，避難勧告などの発令の考え方を説明する。

9.1 市町村長がなすべきこと

災害を防止・軽減するためには，まず，災害発生前の平時から事前対策を講じることにより，災害の発生そのものを抑止し，もしくは被害の大きさを最小化することが重要である。そして，発生時には，応急対策計画や資機材などの準備，要因の訓練といった事前準備により，被害の拡大・波及を防止する対策をとることになる。さらに，消火，救出，けが人の治療，避難対応などの応急対策を実施することになる。

しかし，実際に災害に直面すると計画どおりに対応できることは少なく，また，想定外の事態が発生することが多い。臨機応変の判断や対応が，生死の分岐点になることがある。特に，組織のマネジメントを担っているトップの人間が適切な判断・行動を行うことができるかどうかが，被害を大きくするか，最小化できるかの分かれ道となることが多い。

災害時などの緊急時には，現場での臨機応変な判断および行動が肝要である。現場が的確な判断と行動ができるように，情報をはじめとする支援を現場組織に集中的に提供することが重要である。

災害に対する一次的責任を負う市町村長は，対応を誤れば，住民の被害が一気に拡大しかねないので，きわめて重大な責任を負っている。

9.1 市町村長がなすべきこと

9.1.1 市町村における災害対応『虎の巻』

内閣府は，市町村長向けの災害対応マニュアルとして「市町村における災害対応『虎の巻』」を作成した。この虎の巻では，防災対応の三原則として

① 疑わしきときは行動せよ

② 最悪事態を想定して行動せよ

③ 空振りは許されるが，見逃しは許されない

としている。

そして，**災害への事前の備え**として，事前準備の良し悪しが対応の成否の最大のカギであること，現場を見て何が起きるか想像して的確に準備すべきであることを警鐘している。普段できないことは本番でもできないということを肝に銘ずるべきである。

つぎに，**発災直前の対応**として，的確な情報収集・伝達を行うこと，空振りを恐れず先手を打つべきこと。見逃しは許されない。

発災後の対応としては，人命第一とし，住民を安心させること。使えるものは何でも使うのがよい。

虎の巻においては，特に，マスコミ対応やボランティアの活用について，注意を喚起している。マスコミ対応については，例えば

・マスコミ対応の担当を定めておく

・首長の定例記者会見の実施方法を確認しておく

・災害情報の共有方法を確認しておく

・記者控室の場所を定めておく

ことが重要であるとしている。適切に対応できるかどうかは，平時からの準備が肝要である。災害時においては，応急対応に多忙をきわめることが想定されるが，その中でも，マスコミへの対応をしっかりと行うことは，住民への情報提供の観点からも非常に重要とされている。

ボランティアの活用については，大規模災害時には行政による「公助」に限界があるので「共助」の取組みを進めることが不可欠であり，そのためにはボランティアの力を最大限活用すべきとしている。そのためには

・災害ボランティアセンターへの継続的な支援と情報共有（設置から運営まで）

・防災ボランティア活動に関する広報による支援（防災無線・広報車など）

・資機材の提供，移動のためのバスの手配など

・被災地の被害情報の発信

・災害対策本部などの会議への参加

・地域の防災の取組みに対する平時からの支援

が重要であるとしている。

9.1.2 水害サミットからの発信

大きな水害を体験した全国の自治体の市町村区長が集まり，自らの水害体験を通じて得た経験や教訓などを語り合い，全国に発信し，防災，減災に役立てることを目的として毎年水害サミットが開催されている。水害サミットは平成26（2014）年8月22日，全国の市区町村長へつぎに示す「災害にトップがなすべきこと」11か条を送付した[151],[152]。

災害時にトップがなすべきことは…

1. 「命を守る」ということを最優先し，避難勧告を躊躇してはならない。

2. 判断の遅れは命取りになる。何よりもまず，トップとして判断を早くすること。

3. 「人は逃げない」ということを実感した。人は逃げないものであることを知っておくこと。人間の心には，自分に迫りくる危険を過小に評価して心の平穏を保とうとする強い働きがある。避難勧告のタイミングはもちろん重要だが，危険情報を随時流し，緊迫感をもった言葉で語る等，逃げない傾向を持つ人を逃げる気にさせる技を身につけることはもっと重要である。

4. ボランティアセンターをすぐに立ち上げること。ボランティアは単なる労働力ではない。ボランティアが入ってくることで，被災者も勇気づけられる，町が明るくなる。

5. トップはマスコミ等を通じてできる限り住民の前に姿を見せ，「市役所も全力をあげている」ことを伝え，被災者を励ますこと。自衛隊や消防の応援隊がやってきたこと等をいち早く伝えることで住民が平静さを取り戻すこともあ

9.1 市町村長がなすべきこと

る。

6. 住民の苦しみや悲しみを理解し，トップはよく理解していることを伝えること。苦しみと悲しみの共有は被災者の心を慰めるとともに，連帯感を強め，復旧のばねになる。

7. 記者会見を毎日定時に行い，情報を出し続けること。情報を隠さないこと。マスコミは時として厄介であるし，仕事の邪魔になることもあるが，情報発信は支援の獲得につながる。明るいニュースは，住民を勇気づける。

8. 大量のごみが出てくる。広い仮置き場をすぐに手配すること。畳，家電製品，タイヤ等，市民に極力分別を求めること（事後の処理が早く済む）。

9. お金のことは後で何とかなる。住民を救うために必要なことは果敢に実行すべきである。とりわけ災害発生直後には，職員に対して「お金のことは心配するな。市長（町村長）が何とかする。やるべきことはすべてやれ」と見えを切ることも必要。

10. 忙しくても視察は嫌がらずに受け入れること。現場を見た人たちは必ず味方になってくれる。

11. 応援・救援に来てくれた人々へ感謝の言葉を伝え続けること。職員も被災者である。職員とその家族への感謝も伝えること。

この水害サミットで策定した「災害時にトップがなすべきこと」に，東日本大震災や熊本地震などの大地震を経験した首長の意見を新たに加え，風水害，地震・津波全般にわたって最低限トップが知っておくべき事項として，平成29（2017）年4月，「災害時にトップがなすべきこと」として，つぎの全24か条が取りまとめられた[153]。

【Ⅰ．平時の備え】

1. 迫りくる自然災害の危機に対処し，被災後は人々の暮らしの復旧・復興にあたる責任は，法的にも実態的にも，第一義的に市区町村長に負わされている。非難も，市区町村長に集中する。トップは，その覚悟を持ち，自らを磨かなければならない。

2. 自然の脅威が目前に迫ったときには，勝負の大半がついている。大規模災害発生時の意思決定の困難さは，想像を絶する。平時の訓練と備えがなければ，危機への対処はほとんど失敗する。

3. 市区町村長の責任は重いが，危機への対処能力は限られている。他方で，市区町村長の意思決定を体系的・専門的に支援する仕組みは整っていない。せめて自衛隊，国土交通省 TEC–FORCE，気象台など，他の機関がどのような支援能力を持っているか，事前に調べておくこと。連携の訓練などを通じて，遠慮なく「助けてほしい」といえる関係を築いておくこと。

4. 日頃から住民と対話し，危機に際して行う意思決定について，あらかじめ伝え，理解を得ておくこと。このプロセスがあると，いざというときの躊躇が和らぐ。例えば…

 ・避難勧告，避難指示（緊急）は，真夜中であっても，たとえ空振りになっても，人命第一の観点から躊躇なく行うということ。
 ・堤防の決壊という最悪の事態を防ぐため，排水機を停止することがあるということ。停止すると街は水浸しになるが，人命最優先の観点から，躊躇なく行うということ。
 ・公務員といえども人であり，家族がいる。多数の職員が犠牲になると，復旧・復興が大幅に遅れる。職員も一時撤退させることがあるということ。（住民への強い責任感から，職員は危険が迫ってもなかなか逃げようとしない。職員にも自らの命を守ることを最優先するよう徹底しておくこと。）
 ・大地震の初動時は，消防は全組織力を挙げて消火活動を行うということ。（倒壊家屋からの救出より消火を優先するということ。）

5. 行政にも限界があることを日頃から率直に住民に伝え，自らの命は自らの判断で自ら守る覚悟を求めておくこと。

6. 災害でトップが命を失うこともあり得る。トップ不在は，機能不全に陥る。必ず代行順位を決めておくこと。

7. 日頃，積極的な被災地支援を行うこと。派遣職員の被災地での経験は，災害対応のノウハウにつながる。

【Ⅱ．直面する危機への対応】

1. 判断の遅れは命取りになる。特に，初動の遅れは決定的である。何よりもまず，トップとして判断を早くすること。

2. 「命を守る」ということを最優先し，避難勧告などを躊躇してはならな

9.1 市町村長がなすべきこと

い。

3. 人は逃げないものであることを知っておくこと。人間には，自分に迫り
   くる危険を過小に評価して心の平穏を保とうとする，「正常化の偏見」と
   呼ばれる強い心の働きがある。災害の実態においても，心理学の実験にお
   いても，人は逃げ遅れている。

   避難勧告のタイミングはもちろん重要だが，危険情報を随時流し，緊迫
   感を持ったことばで語るなど，逃げない傾向を持つ人を逃げる気にさせる
   技を身に着けることはもっと重要である。

4. 住民やマスコミからの電話が殺到する。コールセンターなどを設けて対
   応すること。

5. とにかく記録を残すこと。

【Ⅲ．救援・復旧・復興への対応】

1. トップはマスコミなどを通じてできる限り住民の前に姿を見せ，「市役
   所（区役所・町村役場）も全力を挙げている」ことを伝え，被災者を励ま
   すこと。住民は，トップを見ている。発する言葉や立ち居振舞いについ
   て，十分意識すること。

2. ボランティアセンターをすぐに立ち上げること。ボランティアは単なる
   労働力ではない。ボランティアが入ってくることで，被災者も勇気付けら
   れ，被災地が明るくなる。ボランティアセンターと行政をつなぐ職員を配
   置すること。（ただし，地震の場合で余震が危惧されるときは，二次災害
   の防止に配慮して開設すること。）

3. 職員には，職員しかできないことを優先させること。

4. 住民の苦しみや悲しみを理解し，トップはよく理解していることを伝え
   ること。苦しみと悲しみの共有は被災者の心を慰めるとともに，連帯感を
   強め，復旧・復興のばねになる。

5. 記者会見を毎日定時に行い，情報を出し続けること。「逃げるな，隠す
   な，嘘つくな」が危機管理の鉄則。マスコミはときとして厄介であるし，
   仕事の邪魔になることもあるが，その向こうに市民や心配している人々が

いる。明るいニュースは，住民を勇気付ける。

6. 大量のがれき，ごみが出てくる。広い仮置き場をすぐに手配すること。畳，家電製品，タイヤなど，市民に極力分別を求めること。事後の処理が早く済む。

7. 庁舎内に「ワンストップ窓口」を設け，被災者の負担を軽減すること。

8. 住民を救うために必要なことは，迷わず，果敢に実行すべきである。とりわけ災害発生直後は，大混乱の中で時間との勝負である。職員に対して「お金のことは心配するな。市長（区町村長）が何とかする」，「やるべきことはすべてやれ。責任は自分がとる」と見栄を切ることも必要。

9. 忙しくても視察を嫌がらずに受け入れること。現場を見た人たちは，必ず味方になってくれる。

10. 応援・救援に来てくれた人々へ感謝の言葉を伝え続けること。職員も被災者である。職員とその家族への感謝も伝えること。

11. 職員を意識的に休ませること。

12. 災害の態様は千差万別であり，実態に合わない制度や運用に山ほどぶつかる。他の被災地トップと連携し，視察に来る政府高官や政治家に訴え，マスコミを通じて世論に訴えて，強い意志で制度・運用の変更や新制度の創設を促すこと。

9.1.3 市町村のための水害対応の手引き

特に，近年，短時間強雨の年間発生回数に明瞭な増加傾向が現れているとともに，平成27（2015）年9月の関東・東北豪雨災害をはじめとした大河川の氾濫も相次いでいる。この関東・東北豪雨で被災した市町村における課題の一例として

・道路の冠水により職員の参集が間に合わなかった。

・停電，基地局などの浸水により外部との連絡に支障が生じた。

・住民や報道機関などからの問合せが殺到し，災害対応に混乱が生じた。

・被災経験がなく，罹災証明書発行などの対応方法・手順がわからなかっ

た。

ということがいわれている。

こういった水害対応のポイントを整理したものが過去になく，被災経験がない市町村にとっては，水害発生時にどのような対応が必要で，まず何から対策を進めるべきなのかをイメージしにくい状況にあった。

そこで，内閣府（防災担当）が，被災経験のない市町村であっても迅速かつ的確な災害対応ができるよう，水害発生時に市町村が取るべき災害対応のポイントなどを示すこととした。

そうして，「市町村のための水害対応の手引き」を取りまとめたところ，平成28（2016）年の台風10号による水害を踏まえて「避難勧告等に関するガイドライン」が平成29（2017）年1月に改定されたほか，水防法等が平成29年5月に改正されたことなどから，すぐに手引きの1回目の改訂がなされた。おもな改訂内容は図9.1のとおりである[103]。

主な改訂内容

○ 市町村が実施すべき主な対策の明確化
・「情報の収集・発信と広報の円滑化」を「情報の収集・分析」と「広報の円滑化と情報の発信」へ変更

○「情報の収集・分析」の内容の充実
・「大規模氾濫減災協議会」に関する記載を追加し，「関係機関との"顔の見える関係"の構築」に関する内容を充実化
・「ホットラインの活用」に関するページを新設
・水害リスク情報として中小河川に係る過去の浸水実績等の周知に関する記載の追加　　等

○「避難対策」の内容の充実
・「避難勧告・指示等の発令」のページに「避難勧告の発令基準の設定例」，「避難準備・高齢者等避難開始の伝達文例」及び「水害時の住民の避難行動」の記載を追加
・「要配慮者等の避難の実効性の確保」に関するページを新設　　等

○ その他掲載内容の修正
・「近年の水害の発生状況」などの記載内容を更新（最新化）
・水防管理者から委託を受けた民間事業者による水防活動の円滑化に関する記載の追加　　等

図 9.1　「市町村のための水害対応の手引き」の改訂内容
（出典：内閣府（防災担当）：市町村のための水害対応の手引き[103]）

災害対応の原則として，つぎの三つを掲げている。

・準備したものでなければ機能しない，事前の備えが不可欠。

・避難勧告などの発令は「空振り」は許されるが「見逃し」は許されない。

・最悪の事態を想定して，疑わしきときは行動せよ。

96　　　　　　　　　9章　市町村長の災害対応

そして，災害への事前の備え，災害直前の対応，災害発生後の対応につい
て，それぞれ**図 9.2** のようにポイントを示している。

市町村長の責任・心構えは

・危機管理においては，トップである市町村長が全責任を負う覚悟をもって
　陣頭指揮を執る。

・最も重要なことは，① 駆けつける，② 体制をつくる，③ 状況を把握する，

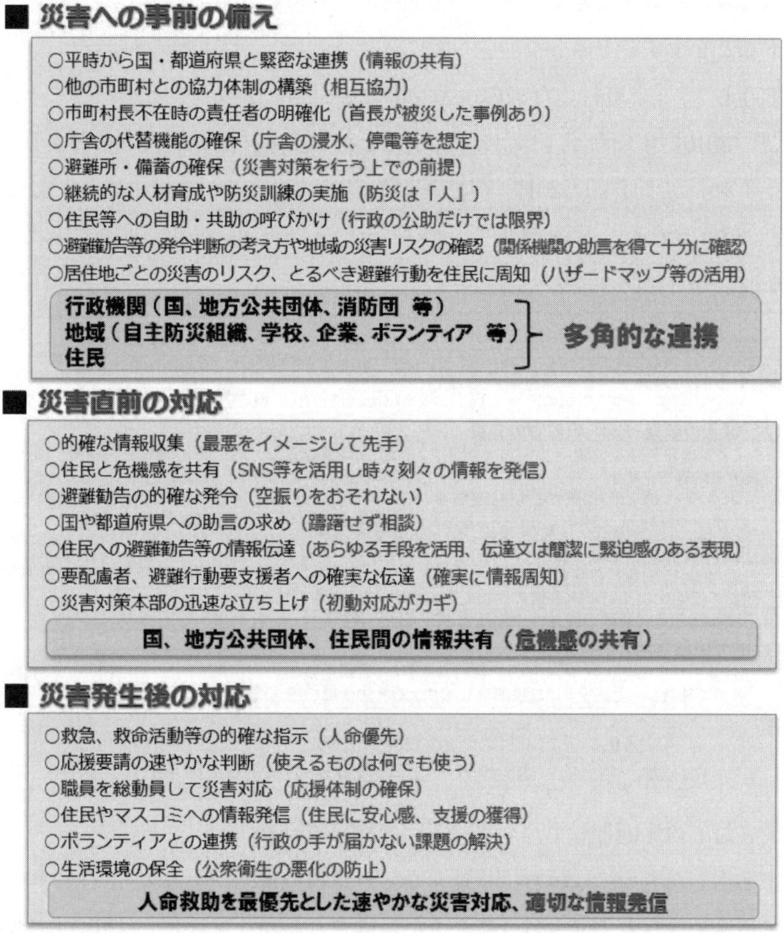

■ 災害への事前の備え

○平時から国・都道府県と緊密な連携（情報の共有）
○他の市町村との協力体制の構築（相互協力）
○市町村長不在時の責任者の明確化（首長が被災した事例あり）
○庁舎の代替機能の確保（庁舎の浸水，停電等を想定）
○避難所・備蓄の確保（災害対策を行う上での前提）
○継続的な人材育成や防災訓練の実施（防災は「人」）
○住民等への自助・共助の呼びかけ（行政の公助だけでは限界）
○避難勧告等の発令判断の考え方や地域の災害リスクの確認（関係機関の助言を得て十分に確認）
○居住地ごとの災害のリスク，とるべき避難行動を住民に周知（ハザードマップ等の活用）

行政機関（国、地方公共団体、消防団　等）
地域（自主防災組織、学校、企業、ボランティア　等） ＞ **多角的な連携**
住民

■ 災害直前の対応

○的確な情報収集（最悪をイメージして先手）
○住民と危機感を共有（SNS等を活用し時々刻々の情報を発信）
○避難勧告の的確な発令（空振りをおそれない）
○国や都道府県への助言の求め（躊躇せず相談）
○住民への避難勧告等の情報伝達（あらゆる手段を活用、伝達文は簡潔に緊迫感のある表現）
○要配慮者、避難行動要支援者への確実な伝達（確実に情報周知）
○災害対策本部の迅速な立ち上げ（初動対応がカギ）

国、地方公共団体、住民間の情報共有（危機感の共有）

■ 災害発生後の対応

○救急、救命活動等の的確な指示（人命優先）
○応援要請の速やかな判断（使えるものは何でも使う）
○職員を総動員して災害対応（応援体制の確保）
○住民やマスコミへの情報発信（住民に安心感、支援の獲得）
○ボランティアとの連携（行政の手が届かない課題の解決）
○生活環境の保全（公衆衛生の悪化の防止）

人命救助を最優先とした速やかな災害対応、適切な情報発信

図 9.2　災害への事前の備え，災害直前の対応，災害発生後の対応
（出典：内閣府（防災担当）：市町村のための水害対応の手引き[103]）

④目標・対策について判断（意思決定）する，⑤住民に呼びかける，の5点である。

災害時に市町村長がなすべきこと11か条については，前述した「水害サミットからの発信」のとおり示している。

さらに，市町村が実施すべきおもな対策を，平時の備えから災害対応の初動，応急対策，復旧に至るフェーズごとに，つぎの10項目について，詳しく説明している。

1. 災害対応体制の実効性の確保
2. 情報の収集・分析
3. 避難対策
4. 広報の円滑化と情報の発信
5. 避難所などにおける生活環境の確保
6. 応援の受入れ体制の確保
7. ボランティア・民間事業者との連携・協働
8. 生活再建支援
9. 災害救助法の適用
10. 災害廃棄物対策

この手引きでは，被災の教訓を踏まえた取組みの方向性や実施すべき対策，先行自治体の優良事例などが示されており，より詳細な情報を確認できるようこれまで刊行した各種ガイドラインなどの入手先を掲載し，市町村の防災担当者向けのポータルとして活用できるよう構成している[103]。

9.2 避難勧告の発令など

わが国への台風の上陸の数が観測史上最大となった平成16（2004）年の一連の水害，土砂災害，高潮災害などでは，避難勧告や避難指示などを適切なタイミングで適当な対象地域に発令できなかったことが大きな反省点であった。また，避難勧告などを住民へ迅速確実に伝達することが難しいこと，避難勧告などが伝わっても住民がなかなか避難しないことなどが問題とされた[154]。

9章　市町村長の災害対応

　約2万人が犠牲になった平成23（2011）年の東日本大震災では，津波に関する警報やハザードマップの過小評価や，人々の津波への認識不足などが犠牲者数を増大させた。適切な非難行動を取るかどうかが生死を分けた例が多発した。津波によって多くの犠牲者を出した地域が多くある中で，岩手県釜石市で市内の小中学校全14校の生徒約3000人の避難率が100％に近く，ほぼ全員が無事であったなど，避難行動が適切であったことにより多くの命が救われた例もあった[155]。

　市町村としては，避難勧告などの意味合いが不明確であり，発令の是非を判断しにくいこと，自然現象や堤防などの施設の状況が十分把握できていないといった問題があり，住民側からは，避難勧告などが伝えられてもどのように行動していいかわからず，自らの危険性を認識できないなどの問題がある。さらに，近年，高齢者などの要援護者が増えていることも問題である。

　適切な避難勧告など行い，住民の迅速・円滑な避難を実現することは，市町村長の責務であるが，市町村長自信がそのような局面を経験することはあまりなく，各種災害対応に精通しているわけでもない。市町村が，災害緊急時，どのような場合に，どのような範囲の住民に対して避難勧告などを発令するべきかなどの具体的な考え方を持っておくことが重要である。

　内閣府は，平成16（2004）年の水害多発を契機に，同年10月より「集中豪雨時等における情報伝達及び高齢者等の避難支援に関する検討会」を開催し，平成17（2005）年3月に，水害，高潮災害，土砂災害，津波を対象として「避難勧告等の判断・伝達マニュアル作成ガイドライン」を取りまとめた。このとき，「避難準備情報」を規定し，一般住民の避難準備と要配慮者の避難開始という2種類の意味を設けることとしたほか，避難勧告などの発令基準，避難勧告などの想定対象区域の定め方などを記載した[156]。

　このガイドラインを参考に，多くの市町村で避難勧告などの判断基準が定められたが，それでも多発する災害により多くの犠牲者が出ていたことから，平成22（2010）年8月，中央防災会議に「災害時の避難に関する専門調査会」が設置され，改めて適切な避難に関する議論が始められ，平成23（2011）年

の東日本大震災発生後は「津波避難対策検討ワーキンググループ」が設置され，平成24（2012）年に津波避難について報告がまとめられた。また，土砂災害警戒情報の提供，指定河川洪水予報の見直し，気象警報などの市町村単位での発表，特別警報の運用開始など，防災気象情報の改善や新たな情報の提供が行われたことも踏まえて，平成26（2014）年9月にガイドラインが改訂された。この改訂では，家屋内に留まって安全を確保すること（屋内安全確保）も「避難行動」の一つとして明示し，避難勧告などは空振りを恐れず早めに出すことを強調したほか，市町村の防災体制の段階移行に関して基本的な考え方を明示し，避難勧告などの判断基準を具体的かつわかりやすい指標で明示するとともに，避難勧告などの発令基準の設定などについて助言を求める相手の明確化などを行った[157]。

　さらに，平成27（2015）年8月には，前年8月の広島土砂災害を受けて設けられた「総合的な土砂災害対策検討ワーキンググループ」による報告や，平成27年5月の水防法改正などを踏まえて，避難準備情報の段階から居住者が自発的に避難を開始することを推奨するなどの記載を充実して，ガイドラインが一部改定された[158]。この改訂では，避難準備情報を活用して避難準備情報の段階から自発的に避難を開始することを推奨し，災害が切迫した状況では緊急的な待避場所への避難や屋内での安全確保措置も避難行動として周知したほか，居住者への情報伝達ではPUSH型とPULL型の双方を組み合わせて多様化・多重化することなどを記載した[159]。

　平成28（2016）年には台風10号により東北・北海道の各地で甚大な被害が発生した。とりわけ，岩手県岩泉町では高齢者施設で入所者9名全員が亡くなるなどの悲惨な被害が生じた。このような事態を踏まえて内閣府が設置した「避難勧告等の判断・伝達マニュアル作成ガイドラインに関する検討会」において，避難に関する情報提供の改善方策などについて検討がなされ，平成28年12月に報告がまとめられた。この報告および平成27（2015）年9月の関東・東北豪雨災害を受けて設置した「水害時の避難・応急対策検討ワーキンググループ」の平成28（2016）年3月報告を踏まえ，居住者，滞在者および要

配慮者利用施設や地下街などの所有者または管理者が的確な避難行動をとれる
よう，平成29（2017）年1月，「避難勧告等の判断・伝達マニュアル作成ガイド
ライン」を改訂し，名称を「避難勧告等に関するガイドライン」に改め
た[160],[161]。

この改訂においては，平成28（2016）年の台風第10号による水害で岩手県
岩泉町の高齢者施設において適切な避難行動が取られなかった反省を踏まえ，
高齢者などが避難を開始する段階であることを明確にするなどの理由から，避
難情報の名称を「避難準備情報」から**避難準備・高齢者等避難開始**に改めるな
どの変更を行った。そのほか，以下の点について，内容の充実を図った[162]。

（1）　避難勧告などを受け取る立場にたった情報提供のあり方

・避難勧告などを発令する際には，その対象者を明確にするとともに，対象
　者ごとに取るべき避難行動がわかるように伝達すること

・平時から居住者などに対してその土地の災害リスク情報や，災害時に取る
　べき避難行動について周知すること

・近年の被災実績にとらわれず，これまでにない災害リスクにも対応できる
　ような情報提供を行うこと

・地域での声かけがなされやすいような環境整備や，川の映像情報など，居
　住者などの避難を促すための情報提供をすること

（2）　要配慮者の避難の実効性を高める方法

・要配慮者利用施設は，その設置目的を踏まえた施設ごとの規定（『介護保
　険法』など）や，災害に対応するための災害ごとの規定（水防法等）によ
　り，災害計画を作成することとなっている。施設ごとの規定については，
　災害計画は自然災害からの避難も対象となっていることを認識し，必ずそ
　れを盛り込んだ計画とすること

・要配慮者利用施設へ情報が確実に伝達されるように，福祉担当部局などと
　連携を図って，情報伝達体制を定めておくこと

・災害計画の実効性の確保や，避難訓練の確実な実施を徹底するとともに，
　それらの具体的な内容を定期的に確認すること

9.2 避難勧告の発令など

(3) 躊躇なく避難勧告などを発令するための市町村の体制構築

・災害時の応急対応に万全を期すため，災害時において優先させる業務を絞り込み，その業務の優先順位を明確にしておくこと

・全庁を挙げて災害時の業務を役割分担する体制や，発令に直結する情報を首長が確実に把握できるような体制を構築すること

・いざというときに，河川管理者や気象台の職員，その経験者，防災知識が豊富な専門家などの知見を活用できるような防災体制を平時から構築しておくこと

・予期せぬトラブルなどがあることも想定し，いざというときの伝達手段の充実を図ること

・上記について，実践や訓練を通じて改善を重ねていくこと

第Ⅱ部　ライフライン防護

10
ライフラインの災害

本章では，まず，本書で扱うライフラインの意味を明確にしたうえで，近年の代表的災害である阪神・淡路大震災と東日本大震災におけるライフラインの被災状況などをレビューする。

10.1　ライフラインとは

ライフライン（lifeline）とは，ロングマン英英辞典で "a rope used for saving people in danger, especially at sea" とされており，もともと「命綱」の意味である。それが転じて，"something which someone depends on completely" ともされており，生命線となるものを広く意味している。

最近わが国では，人々の生活の維持に必要不可欠な，電気・ガス・水道・通信・交通・運輸などの社会基盤を指してライフラインということが多い。特に，地震対策などの防災との関連で用いられる。ここでは，道路，鉄道，上下水道，港湾・空港，電力・通信，石油・ガスといった社会基盤について，それらの整備・管理のための法制度を整理し，災害発生時にそれらが被災した事例を踏まえて，ライフラインの防護・防災のあり方を論じる。

10.2　阪神・淡路大震災におけるライフラインの被害と復旧

10.2.1　被　害　の　概　要

平成7（1995）年1月17日5時46分，淡路島北部，深さ16 km を震源とす

10.2 阪神・淡路大震災におけるライフラインの被害と復旧

る $M7.3$ の兵庫県南部地震が発生した．この地震により，神戸と洲本で震度6を観測し，豊岡，彦根，京都で震度5，大阪，姫路，和歌山などで震度4を観測したほか，地震発生後に行った被害状況調査の結果，神戸市の一部の地域などにおいて震度7であったことがわかった．

この災害（阪神・淡路大震災）により，死者6434人，行方不明者3人，負傷者4万3792人という被害をもたらし（消防庁調べ，平成17（2005）年12月22日現在），住家の被害は全壊約10万5000棟，半壊約14万4000棟にのぼった[1]．死亡の原因は，圧死が約3/4を占めており，焼死も約1割であった（図 **10.1**）[2]．

〔もと資料：『阪神・淡路大震災調査報告 総集編』（阪神・淡路大震災調査報告編集委員会，2000年），厚生省大臣官房統計情報部「人口動態統計からみた阪神・淡路大震災による死亡の状況」（1995.12）より作成〕
注1：「その他」には，頭・頸部損傷，内臓損傷，外傷性ショック，全身挫滅，挫滅症候群などがある．
注2：死者総数5488人
注3：消防庁発表による2000年12月現在での死者数は6432人（関連死者数910人を含む）である．

図 **10.1** 阪神・淡路大震災の死亡原因
（出典：国土交通省 近畿地方整備局 震災復興対策連絡会議：阪神・淡路大震災の経験に学ぶ[2]）

この地震による土木構造物の被害は，道路5600億円，鉄道2200億円，港湾5900億円，河川堤防・護岸700億円などとされ，このほかガスや水道などの埋設管路や下水処理場なども液状化などによって大きな被害を受け，長期にわたって機能が停止した[3]．

特に揺れが大きかった神戸市，芦屋市，西宮市の六甲山の麓から海岸にかけてのベルトゾーンに平行して走っていた鉄道や道路に大きな被害が生じた．鉄道関係については，山陽新幹線の高架橋などの倒壊，落橋による不通を含むJR西日本など合計13社において不通となった．道路関係についても，国道や阪神高速道路神戸線の高架橋が，強い揺れによって倒壊したほか，埋立地を走

る阪神高速道路湾岸線がおもに液状化の被害を受けた。このため，地震発生直後，高速自動車国道，阪神高速道路などの27路線36区間が通行止めなどの被害を受けた[1],[4]。

港湾施設については，神戸港を中心に，埠頭の沈下が生じたほか，海に向かって数メートル動いて傾斜した岸壁が多く見られた。船舶が着岸できず荷揚げができないため，生活物資の流通などに深刻な影響を与えた[1],[4]。

また，水道で約123万戸の断水が生じ，工業用水道で最大時289社の受水企業の断水が生じた。下水道については，8処理場の処理能力に影響が生じた。

さらに，地震直後約260万戸の停電，都市ガスは大阪ガス株式会社管内で約86万戸の供給停止となった。加入電話については，交換設備の障害により約29万，家屋の倒壊，ケーブルの焼失などによって約19万3000件の障害が発生するなどの被害が生じた。

河川については，国直轄管理河川で4河川の堤防や護岸などに32か所の被害，府県・市町村管理河川で堤防の沈下，亀裂などの被害が生じた。西宮市の仁川百合野町では地すべりが発生し，34人が犠牲になった[1]。

この震災においては，情報通信ネットワークにも大きな被害が生じた。最大時30万を超える加入電話に障害が発生し，救援・復旧活動などに支障が生じた一方で，地元の放送局やパソコン通信，インターネットなどが災害情報提供に威力を発揮した。特に，普及が始まったばかりの携帯電話やインターネットの重要性が認識された[5]。

10.2.2 災害対応の支障となったライフライン被害

災害発生時には，早期の救出が人命救助のために重要であるが，阪神・淡路大震災においては，ライフラインが被災したために，救助活動などの大きな支障となった。

被災地外からの消防，警察，自衛隊の応援が，道路渋滞（**図10.2**）に巻き込まれて到着に時間がかかったことが，救助活動が遅れる要因となった。救助部隊だけでなく，救助のための重機材を運搬する車両や救急患者の輸送車両も

10.2 阪神・淡路大震災におけるライフラインの被害と復旧

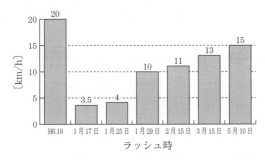

図 10.2 地震直後，平常ラッシュ時の半分以下になった旅行速度
（出典：国土交通省近畿地方整備局震災復興対策連絡会議：阪神・淡路大震災の経験に学ぶ[2]）

道路渋滞に巻き込まれた。道路渋滞の最大の原因は，落橋などによる幹線道路と鉄道の寸断であったが，安否確認や見舞いなどのために自家用車が殺到したことが渋滞に拍車をかけた[2]。

緊急時に輸送ルートを確実に確保するために，絶対に壊れない高速道路を緊急時に必要不可欠なものとして整備しておくべきとの意見がある。高速道路は，出入口を規制するだけで一般車の流入を防げるので，緊急車両や救援物資の輸送車両の運行に有効であるとのことである。

阪神・淡路大震災を契機に，国では，道路橋の技術基準の見直しを行い，補強対策事業を実施し，関係機関と協力して緊急輸送道路のネットワーク整備も進めている[2]。

死亡原因の約1割を占めた焼死を減らすためには，出火と延焼を防ぐことが重要であるが，阪神・淡路大震災においては，断水のため消火用水の確保が難しく，延焼を拡大し，被害を大きくした。消火栓が使えない場合は，川，海，学校のプールなどの水を利用したが，十分な水を確保することはできなかった。震災時に断水しないよう，水道施設の耐震性を強化するとともに，身近な河川や池の水量を常時確保するような取組みも必要である。また，延焼を防ぐには，道路や公園などによる延焼遮断効果を活用することが重要である[2]。

避難生活においては，トイレ，洗濯や風呂などの水が十分確保されないことが大きな問題であった。水の不足は，避難生活だけでなく，水を必要とする医

療活動にも重大な支障となった。もし，夏に地震が発生していれば，衛生上さらに大きな問題となると思われる[6]。

　阪神・淡路大震災においては，情報収集が困難となり，救助の支援要請や交通規制が遅れ，それが救助の遅れにつながったといえる。救助にあたっていた警察官や消防隊員などの中にも，自らの家族の安否を確認できず，救助に携わらざるを得なかった人も多かった。避難生活においても，道路，鉄道や電気・水道・ガスなどの復旧の見通しについて情報があまり入手できない状況が続いた。

　情報機器そのものが被害を受けた場合もあったが，電気などが利用できなかったためにシステムが機能しなくなった場合もあった。被害を受けなかった電話回線には，通常のピーク時の50倍の電話が殺到したためパンクした。殺到した電話の多くは，被災地内の住民の安否確認であり，そのために災害関係の公的な情報伝達の遅れにつながった。電話回線がパンクして安否確認に使えないため，安否確認のために自動車で移動する人も多く，道路渋滞を激化させた[7]。

10.3　東日本大震災におけるライフラインの被害と復旧

10.3.1　震　災　の　概　要

　平成23（2011）年3月11日14時46分，宮城県牡鹿半島の東南東130 km付近，深さ約24 kmを震源とする$M9.0$の東北地方太平洋沖地震が発生した。東日本大震災と命名されたこの災害は，東北から関東にかけて未曾有の被害をもたらした。ライフラインも甚大な被害を受け，市民の生活や避難所生活に大きな支障が生じ，サプライチェーンの寸断などによる大きな社会経済的影響を及ぼした[8),9)]。

　人的被害は，死者1万9630人，行方不明2569人，そして住家の被害は，全壊121781棟，半壊280962棟に及んだ[10)]。

　応急・復旧活動に必要不可欠な交通網は寸断され，電気，ガスなどのライフラインにも大きな被害が発生した。東京電力福島第一原子力発電所において

は，3月12日に1号機，14日に3号機，15日に4号機において爆発が発生し，施設の損傷だけでなく，放射性物質が外部へと放出される事態となった[11]。

10.3.2 道路の被害

道路については，東北地方を中心に高速道路15路線，直轄国道69区間，補助国道102区間，県道等540区間が地震直後に閉鎖された。国道や高速道路の橋梁は耐震補強されていたため被害を受けなかったが，県道や市町村道の20橋梁が倒壊ないし激しく損傷した。

地震後の津波で国道約100 kmと3か所の高速道路インターチェンジ・ジャンクションが冠水した。また，国道の5橋梁が流失したほか，津波による大量のがれきで沿岸道路の多くが使用不能となった。

地震直後，国土交通省東北地方整備局は，地震翌日，内陸の主要幹線である国道4号（南北を走る）から東へ延びる太平洋沿岸を結ぶ複数の緊急道路の啓開を開始し，地震4日後の3月15日までに15本の被災地をつなぐ道路が通行可能となり，3月18日までに海岸沿いの国道の97％が利用できるようになった[12]。東北自動車道は，3月24日には一般車両の通行が可能となった（図10.3）[13]。

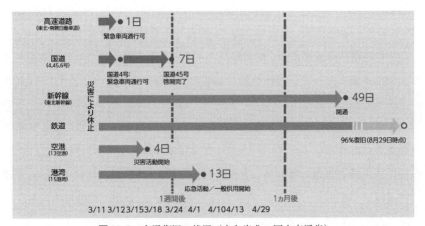

図10.3 交通復旧の状況（もと出典：国土交通省）
（出典：相良純子，石渡幹夫：教訓ノート4-14．復興計画 インフラ施設復旧[14]）

10.3.3 鉄 道 の 被 害

地震発生直後は，6路線の新幹線（東北，秋田，山形，上越，長野，東海道）を含め，42の鉄道事業者の177路線で運転を休止し，そのうちの76路線が地震・津波による被害を受けた[15),16)]。

東北新幹線は，3月15日に東京駅 ～ 那須塩原駅間，3月22日に盛岡駅 ～ 新青森駅間，そして49日後の4月29日に全線の運転を再開した[17)]。沿岸の路線以外の路線から運行を順次再開し，平成30（2018）年1月現在，運行を再開したのは，全被災延長2 275 kmに対し2 351 kmと沿岸の一部路線を除いて97 ％である[18)]。

10.3.4 港湾・空港の被害

港湾については，14の重要港湾（八戸港，久慈港，宮古港，釜石港，大船渡港，仙台塩釜港（塩釜港区，仙台港区），石巻港，相馬港，小名浜港，茨城港（日立港区，常陸那珂港区，大洗港区），鹿島港）などが被災し利用不能となった。また，岩手，宮城，福島3県で約260の漁港のほぼすべてが壊滅的な被害を受けた[15)]。

港湾施設の復旧は，平成30（2018）年1月現在，被災した港湾箇所数131に対し完了箇所数129で，進捗率98 ％，漁港については，被災した漁港数319に対し，全機能が回復したのは278漁港で，進捗率87 ％である[18)]。

仙台空港は，津波により，滑走路，ターミナルの1階，アクセス鉄道が水没し，使用不能となった。復旧作業は地震の2日後に開始され，3月15日までに救助・緊急物資運搬用のヘリコプターの使用が可能になった。そして，その翌日までに固定翼機が空港を使用できるようになり，アメリカ軍による緊急物資の搬入が可能となった。4月13日には旅客便の運航が一部再開された[12),19)]。全国の国土交通省地方整備局などから派遣されたTEC–FORCE（緊急災害対策派遣隊）が3週間で約500万 m^{3}の海水を排水したのが，空港再開に大きく寄与した[20)]。

10.3.5 水道・下水道などの被害

水道については，地震と津波により，19 都道県の水道施設に被害があり，累計で約 257 万戸が断水した（ただし，福島第一原子力発電所事故の影響により一部地域は調査対象から除外している）。給水は地震後 1 か月以内に住民の約 90 ％に対して再開したが，4 月 7 日と 11 日の余震で断水世帯数が一時増加した（図 10.4）。厚生労働省と全国 400 の水道事業体は応急給水班を派遣したほか，水道施設の復旧などに協力した。現在，津波により甚大な被害を受けた地域では，防災集団移転促進事業などの復興事業に合わせて水道施設の復旧が進められており，福島第一原子力発電所の事故による避難指示区域についても，避難指示解除に向けて復旧が進められている。それ以外の地域については平成 23（2011）年 9 月末にすべて復旧が完了した[14),15),21)]。

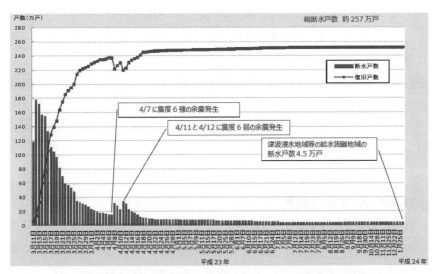

図 10.4　水道の復旧状況（もと出典：厚生労働省資料）
（出典：国土交通省：政策・仕事＞水管理・国土保全＞水資源＞平成 29 年版日本の水資源の現況，第 8 章　東日本大震災からの復興について[21)]）

水資源開発施設については，国土交通省が管理するダムでは大きな損傷や不具合などの異常はなかったが，自治体などが管理する 8 ダムで，ダム天端にクラックが発生するなどの被害があった。独立行政法人水資源機構が管理してい

る施設においては，この震災により茨城県と千葉県にある霞ヶ浦用水，霞ヶ浦開発，利根川河口堰，印旛沼開発，成田用水，北総東部用水，東総用水，房総導水路の8施設が被害を受けた。霞ヶ浦用水施設は，茨城県西部に水道用水（給水人口約30万人），工業用水（約150事業所）および農業用水（受益地約2万ha）を供給しているため，ただちに通水再開などのための応急復旧や，施設からの漏水出水対応などの二次災害防止に取りかかった。その結果，7日後には最低限の応急復旧が完了し，水道用水と工業用水の供給が再開された。また，この間，霞ヶ浦用水の送水が停止したことで，茨城県県西広域水道事業を通じて受水している茨城県桜川市の水道が断水した。このため，水資源機構が保有している可搬式海水淡水化装置を現地に搬送し，農業用のため池を使用して給水活動が行われ，桜川市水道課を通じて市民および病院などに対し9日間で約115 m^3（約3万8000人分の飲料水相当）の給水が行われた[22]。

下水道については，11都県の137市町村などにおいて被災した管路の延長は960 kmに達した。下水処理施設は120か所が被災して48か所が稼働停止となり，雨水ポンプ施設は24か所が稼働停止した[23]。平成29（2017）年6月末現在，被災管路は85％，822 kmが復旧済みであり，被災処理場の処理機能については，福島県内避難指示区域内の3か所および廃止2か所を除くすべてで復旧済みである[24]。

10.3.6 電力への影響

震災による原子力発電所の自動停止や火力発電所の被災などにより，東日本における電力の供給力が大幅に低下した。東京電力の供給力は，約5200万kWから約3100万kWへ約4割減となり，東京電力管内のこの時期のピーク時の想定需要量約4100万kWに対し，約1000万kWの大幅な供給力不足が発生した。東北電力の供給力は，約1400万kWから約900万kWへ約3.5割減となった。

10.3　東日本大震災におけるライフラインの被害と復旧

停電の発生は，東北電力管内において約 466 万戸，東京電力管内において約 405 万戸に達した（図 **10.5**）[14]。

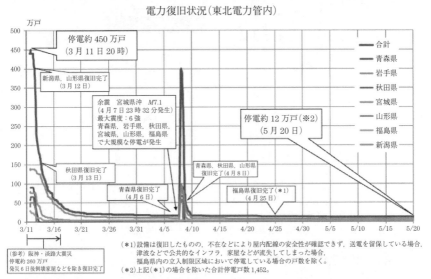

図 10.5　電力の復旧状況
（出典：内閣府防災情報のページ：東北地方太平洋沖地震を教訓とした地震・津波対策に関する専門調査会（第1回）参考資料2被害に関するデータ等[25]）

東京電力は，未曾有の供給力不足に対し，3月14日の夕方に一部地域で初めて計画停電を実施した。その後，電力需要の増加に伴い実施地域も拡大し，計画停電は，3月28日まで，計10日間（延べ32回）実施された（図 **10.6**）。なお，東北電力管内では，結果的に計画停電は一度も実施されなかった[11]。

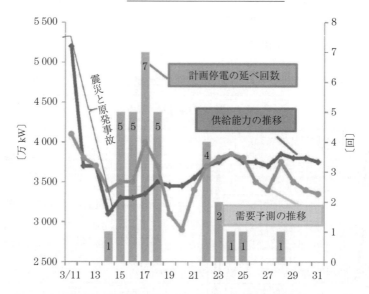

図 10.6 東京電力管内における計画停電の実施回数
（出典：経済産業省資源エネルギー庁ホームページ：平成23年度エネルギーに関する年次報告（エネルギー白書2012）[26]）

10.3.7 ガス供給への影響

　震災による津波や液状化などにより，ガスの製造設備や供給設備が被災した。特に，沿岸部にあった仙台市ガス局のLNG基地が津波により甚大な被害を受けた。都市ガスの供給停止は，8県の約40万戸に及んだ。特に，仙台市ガス局のLNG基地の被災により，仙台市ガス局の供給区域では，約31万戸への復旧作業が必要となり，復旧が完了したのは4月16日である[27]。

　また，簡易ガス事業の供給停止は，7県の団地で発生し，復旧対象戸数は約1万8000戸に及んだ。

　東北各県および茨城県のLPガス供給基地については，9基地中7基地が被災し（**図10.7**），被災3県（岩手，宮城，福島）に160か所ある充填所も28か所が使用不可能になった[11]。このため，LPガスの供給停止戸数は約166万戸にのぼった[15]。

10.3 東日本大震災におけるライフラインの被害と復旧

図 10.7 供給基地の被災・復旧状況（7月31日現在）
（出典：経済産業省資源エネルギー庁：平成22年度エネルギーに
関する年次報告（エネルギー白書2011）[28]）

10.3.8 石油供給への影響

　東北・関東地方の9製油所のうち6製油所が停止し，そのうち2か所で火災発生した[15]。また，津波によりタンクローリーが多数被災したほか，タンカーが港湾に着岸できないなどの問題も生じた。サービスステーション（SS）も津波の被害を受けたことなどにより，すべてのSSが営業不能になった市町村もあった[11]。東北3県のSSの稼働率は，総数1 834の約53％であった（3月20日）[15]。

　石油製品の在庫はあったのに港湾や道路の損壊やロジスティクス上の障害により一部地域で供給が不十分な事態も発生した。被災地から政府へ寄せられた緊急支援物資の要請約5 000件のうち3割にのぼる約1 400件が石油燃料であり，石油連盟が首相官邸や経済産業省から緊急要請の窓口を設置して24時間体制で対応したとのことである[29]。

10.3.9 情報通信への影響

震災により設備の倒壊・水没・流失,地下ケーブルや管路などの断裂・損壊,電柱の倒壊,架空ケーブルの損壊,携帯電話基地局の倒壊・流失などが起き,通信設備に甚大な被害が生じたうえ,商用電源の途絶が長期化し,蓄電池が枯渇したため,サービスが停止する事態が生じた.

固定通信網については,NTT 東日本・KDDI・ソフトバンクテレコムの 3 社で約 190 万回線が被災した (図 10.8)[†1].余震により一時的に不通回線数が増加したが,4 月末までに各社とも一部エリアを除きほぼ復旧した.

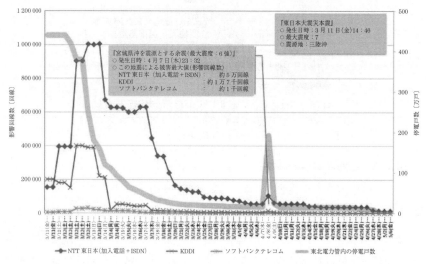

[注] 固定電話事業者から報告を受けた内容をもとに総務省が独自に作成.
(出典) 総務省資料

図 10.8 固定電話の不通回線数の推移
(出典:総務省ホームページ:平成 23 年版情報通信白書第 1 部第 1 節 1 (1) 通信インフラへの被害[30])

携帯電話および PHS 基地局については,NTT ドコモ,KDDI,ソフトバンクモバイル,イー・モバイルおよびウィルコムの 5 社合計で最大約 2 万 9 000

[†1] 3 月 13 日時点.なお,NTT 東日本における東北地方の加入電話および ISDN の回線契約数は約 270 万契約(平成 22 年度末時点).

[†2] 3 月 12 日時点.なお,携帯・PHS 計 5 社の東北・関東地方の基地局数は約 137 500 局

10.3 東日本大震災におけるライフラインの被害と復旧

局が停波した（**図10.9**）[†2]。こちらも，余震により一時的に停波局数は増加したが，4月末までに各社とも一部エリアを除きほぼ復旧した。

地上テレビ放送については，親局への影響はなかったが，中継局については東北6県を含む全11県で最大時120か所（うち，損壊2か所，停電118か所）の停波が確認された[31]。

ラジオ放送については，ラジオ中継局は最大4か所で停波した[15]。ラジオ放送は，電池式ラジオなど簡便な方法で情報にアクセスすることが可能なので，重要な情報伝達手段の一つとして活用された[31]。

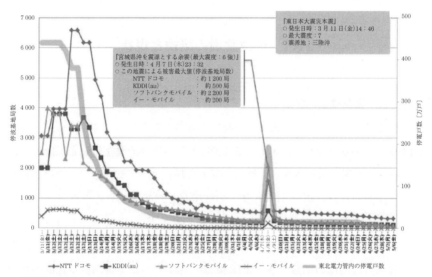

[注] 携帯電話事業者から報告を受けた内容をもとに総務省が独自に作成。
（出典）総務省資料

図10.9　携帯電話基地局の停波局数の推移
（出典：総務省ホームページ：平成23年版情報通信白書第1部第1節1（1）通信インフラへの被害[30]）

11

道　　　　路

本章では，道路に関する整備の経緯と現状を述べるとともに，道路防災について，メンテナンス，震災対策，雪対策，豪雨対策，道路啓開などに関する現状と課題を解説する。

11.1　道路整備の経緯と現状

11.1.1　道路整備の経緯

わが国では，明治維新以降，鉄道優先主義がとられていたことから，近代の道路整備の歴史は古くない。大正 8（1919）年の旧『道路法』公布以降に，計画的な道路整備が始まったが，第二次世界大戦によって戦後の当初の道路整備の水準は低かった。昭和 31（1956）年に来日したアメリカのワトキンス調査団が「日本に道路はない。道路予定地があるだけだ。」と述べたのは有名である。日本の本格的な道路整備は，昭和 27（1952）年の道路法の全面改正，そして有料道路制度の創設，さらに昭和 28（1953）年に揮発油税特定財源化などの制度が整備されて以降であり，昭和 29（1954）年に**第 1 次道路整備五箇年計画**が策定されて本格化した[32]。

有料道路の整備については，昭和 31（1956）年に『道路整備特別措置法』が制定されてから本格的に開始された。これは財源不足を補うため借入金によって道路を建設し，利用者の料金をその返済に充てるものであり，高速自動車国道や首都高速道路など，多くの幹線道路などの整備に活用されている[33]。

道路整備五箇年計画については，2002（平成14）年度まで 12 次にわたり策定されたが，2003（平成15）年度からは，『社会資本整備重点計画法』（平成

15 年 3 月）に基づいて 9 分野の長期計画が社会資本整備重点計画に一本化された。揮発油税などについては，引き続き道路特定財源として道路整備に充当されたが，道路整備のあり方をめぐって批判的な議論が高まり，道路特定財源制度が平成 21（2009）年度から廃止され，道路特定財源が一般財源化された[34]。

11.1.2　道路整備の制度と現状

道路法により，道路の種類として，「高速自動車国道」，「一般国道」，「都道府県道」，「市町村道」が挙げられている。このほかに，個人や団体が所有する私道，林道，農道，『港湾法』の道路，『道路運送法』の道路，公園道・園路などがある。道路法で定める各道路の定義や管理者などを**表 11.1** に，道路種別による延長割合と物流などのシェアを**図 11.1** に示す[35]。

表 11.1　『道路法』で定める道路

道路の種類		定　義	道路管理者	費用負担
高速自動車国道		全国的な自動車交通網の枢要部分を構成し，かつ，政治・経済・文化上特に重要な地域を連絡する道路その他国の利害に特に重大な関係を有する道路【高速自動車国道法第 4 条】	国土交通大臣	高速道路会社〔国，都道府県（政令市）〕
一般国道	直轄国道（指定区間）	高速自動車国道と併せて全国的な幹線道路網を構成し，かつ一定の法定要件に該当する道路【道路法第 5 条】	国土交通大臣	国都道府県（政令市）
	補助国道（指定区間外）		都府県（政令市）	国都府県（政令市）
都道府県道		地方的な幹線道路網を構成し，かつ一定の法定要件に該当する道路【道路法第 7 条】	都道府県（政令市）	都道府県（政令市）
市町村道		市町村の区域内に存する道路【道路法第 8 条】	市町村	市町村

＊ 1　高速道路機構および高速道路株式会社が事業主体となる高速自動車国道については，料金収入により建設，管理などがなされる。
＊ 2　高速自動車国道の（　）書きについては新直轄方式により整備する区間。
＊ 3　補助国道，都道府県道，主要地方道および市町村道について，国は必要がある場合に道路管理者に補助することができる。
（出典：国土交通省道路局：道路行政の簡単解説[35]）

11章 道　　　路

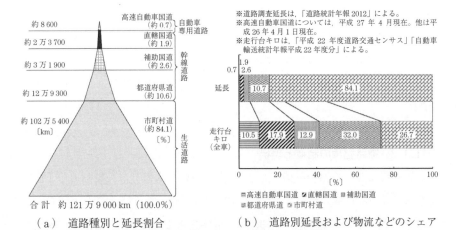

　（a）　道路種別と延長割合　　　（b）　道路別延長および物流などのシェア

図 11.1　道路法上の分類/道路別延長および物流などのシェア
（出典：国土交通省道路局：道路行政の簡単解説[35]）

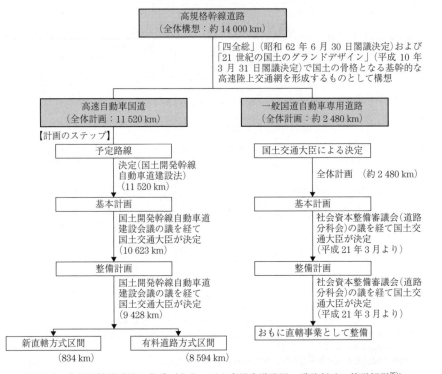

図 11.2　高規格幹線道路の体系（出典：国土交通省道路局：道路行政の簡単解説[35]）

高速自動車国道に加えて，一般国道の自動車専用道路と本州四国連絡道路を含めた全国的な自動車交通網を形成する自動車専用道路を**高規格幹線道路**といい，『国土総合開発法』（昭和25（1950）年）による第四次全国総合開発計画（四全総）（昭和62（1987）年6月30日閣議決定）において，昭和41（1966）年に定められた高速国道網計画網計画（7600 km）に高速国道3920 km，一般国道自動車専用道路2480 km を追加して，高規格幹線道路網1万4000 kmとして決定した（図 11.2）[36]。高規格幹線道路などの整備状況は，図 11.3 に示すとおりである。

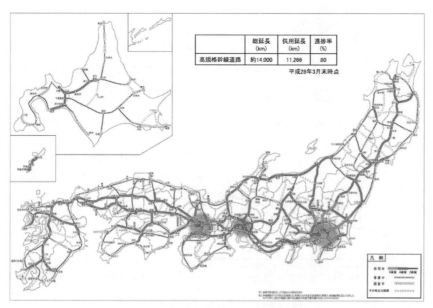

図 11.3　高規格幹線道路などの整備状況
（出典：国土交通省道路局：道路行政の簡単解説[35]）

11.2　道 路 の 防 災

11.2.1　道路のメンテナンス

平成24（2012）年12月，中央自動車道笹子トンネル上り線で天井板落下事故が発生し，9人が犠牲となり，長期にわたって通行止めとなった。高度成長

期に一斉に建設された道路インフラが高齢化し,一斉に修繕やつくり直しが発生するという老朽化問題の時代が到来したことを告げる出来事であった[37]。

全国約73万橋の橋梁のうち,7割以上となる約52万橋が市町村道にあり,建設後50年を経過する橋梁の割合は,10年後には48％と増加する見込みである。緊急的に整備された箇所や水中部など立地環境の厳しい場所にある構造物の一部で老朽化による変状が顕在化し,地方公共団体が管理する橋梁では近年通行規制などが増加している(図11.4)[38]。

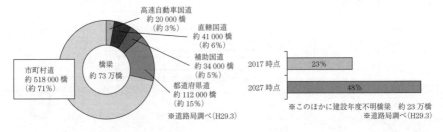

(a) 道路種別別橋梁数　　(b) 建設後50年を経過した橋梁の割合

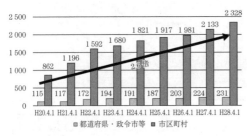

(c) 地方公共団体管理橋梁の通行規制などの推移(2m以上)

図11.4 橋梁の老朽化状況
(出典:国土交通省ホームページ:道路>主な施策>道路の老朽化対策 老朽化対策の取組み[38])

国土交通省は,平成25(2013)年を**メンテナンス元年**と位置付け,急遽,緊急点検・集中点検を実施し,第三者被害防止の観点から最低限の安全性を確

認した。さらに，本格的にメンテナンスサイクルを回すため，平成25年の道路法改正により，点検基準の法定化や国による修繕など，代行制度の創設などを行った。また，平成25（2013）年3月に「社会資本の老朽化対策会議」において「当面講ずべき措置」の工程表を取りまとめた。同年11月には「インフラ老朽化対策の推進に関する関係省庁連絡会議」において「インフラ長寿命化基本計画」が取りまとめられ，これに基づき，平成26（2014）年5月，国土交通大臣を議長とする「社会資本の老朽化対策会議」において「国土交通省インフラ長寿命化計画（行動計画）」を取りまとめた[39),40)]。その概要を図11.5に示す。

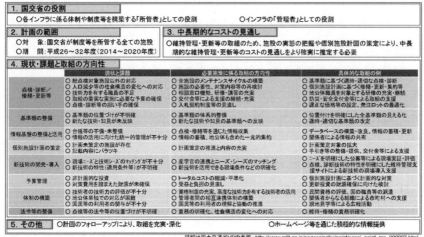

図11.5 国土交通省インフラ長寿命化計画（行動計画）の概要
（出典：国土交通省ホームページ：総合政策＞社会資本の老朽化対策
＞国土交通省インフラ長寿命化計画（行動計画）概要（本文）[40)]）

11.2.2 道路の震災対策

災害直後から，避難・救助や，物資供給などの応急活動のために，緊急車両の通行を確保すべき重要な路線として，高速自動車国道や一般国道およびこれらを連絡する幹線的な道路を緊急輸送道路として指定している。異常事態発生後の利用特性によりつぎの3種類に区分することが多い[41)]。

① 第1次緊急輸送道路ネットワーク…県庁所在地，地方中心都市および重要港湾，空港などを連絡する道路

② 第2次緊急輸送道路ネットワーク…第1次緊急輸送道路と市町村役場，主要な防災拠点（行政機関，公共機関，主要駅，港湾，ヘリポート，災害医療拠点，自衛隊など）を連絡する道路

③ 第3次緊急輸送道路ネットワーク…その他の道路

　緊急輸送道路の耐震補強は急ぐ必要があり，高速道路や直轄国道について，大規模地震の発生確率などを踏まえて，落橋・倒壊の防止対策に加え，路面に大きな段差が生じないよう，少なくとも発生確率が26％以上の地域は当面5年間で支承の補強や交換などを行う対策を完了し，今後10年間で全国での耐震補強の完了を目指している[42]。

　高速道路や直轄国道などの主要な道路をまたぐ跨道橋の耐震化について，高速道路や直轄国道については対策済みであるが，地方管理の道路については対策済みは95％であり，5％分の約400橋（平成28（2016）年11月現在）が未対策である[43]。

11.2.3　道路の雪対策

　日本は，国土の約60％が雪寒地域であり，人口の約4分の1が暮らしている。大雪が降ると雪崩や路面が凍結しスリップによる立ち往生が起きる。このような災害を防ぐために，道路管理者は凍結防止剤の散布や防雪対策による冬期の安定した道路交通の確保に努めている。大雪や吹雪の際に立ち往生車両によって緊急通行車両の通行が確保できず，災害応急対策の実施に著しい支障が生じるおそれがある場合は，平成26（2014）年11月に改正された『災害対策基本法』を適用して道路管理者による移動を行う[44]。

11.2.4　道路の豪雨対策

〔1〕　道路の代替性確保

　豪雨災害がよく発生する区間では，発生箇所ごとの対策よりも高規格幹線道

路などの整備により，地域の代替性を確保する対策が取られることがある。図11.6 に示すのは，国道 7 号の新潟県と山形県の県境付近で越波による通行止めがしばしば発生するため，海岸線から離れた位置に高規格幹線道路「朝日温海道路」を整備し，越波などによる災害時の代替性および地域間の交通を確保しようとする例である[45]。

図 11.6 高規格幹線道路朝日温海道路などの整備により災害時の代替性を確保する例
（出典：国土交通省ホームページ：道路＞道路防災情報＞道路における豪雨対策[45]）

〔2〕 道路法面の防災対策

道路法面を豪雨から守るために，落石を防護する柵を設置する落石防護柵工を設置することがある。道路脇に柵を設置して落下する石を受け止めるものであり，つぎのような工法がある。

・ポケット式落石防止網工…落石発生箇所により近い箇所に落石を受け止めるための網を設置する工法
・ワイヤーロープ掛工…落ちてきそうな石をワイヤーロープで固定する工法
・法枠工：崩落しそうな斜面をコンクリート製の枠で固定して崩落を防ぐ工法
・法枠工＋アンカー工…コンクリート構造物と併せてアンカーの設置により補強する工法

〔3〕 道路の冠水対策

市街地では，前後区間と比べて急激に道路の高さが低くなっている**アンダーパス**と呼ばれる区間が多数あり，全国では約3500か所（平成28（2015）年4月1日現在）に及んでいる。アンダーパスに設置した排水ポンプの能力を超える大雨となった場合，アンダーパスに水が溜まってしまうので，排水能力を超える雨が降った場合には，アンダーパス部の冠水による事前通行規制の実施と道路利用者への情報提供を行っている（図 11.7）[45]。

（a）国道本線部

（b）側道部

図 11.7　アンダーパス部の冠水対策事例（情報板）
（出典：国土交通省ホームページ：道路＞道路防災情報＞道路における豪雨対策[46]）

11.2.5　道 路 啓 開

災害発生時には，救援物資の輸送や，救急・救命のための人員輸送や救助活動のための道路交通を確保することが重要になる。緊急車両などの通行のた

め，早急に最低限のがれき処理を行い，簡易な段差修正などにより救援ルートを開ける道路啓開を迅速に行うことが必要になる[47]。

平成 23（2011）年の東日本大震災の際には，国土交通省東北地方整備局などの要請を受けて地元建設企業が迅速に道路啓開を行い，早期に道路交通を確保することができた。当時，3月18日までに活動を開始した地元建設企業411社から得た回答によると，6割の242社が，発災後4時間以内に活動を開始したとのことである（**図11.8**）[48]。

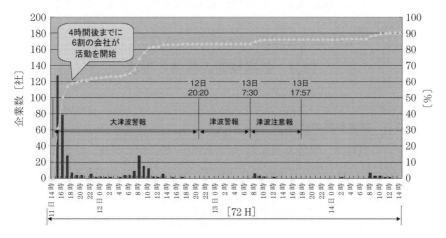

図11.8 地元建設企業が活動を開始した日時
（出典：国土交通省東北地方整備局：記者発表資料，震災直後から，
迅速に地元建設企業が活動を開始（平成24年7月24日）[48]）

各地方整備局や都道府県においては，地元建設業者らと道路啓開のための計画づくりなどの取組みを進めており，平成27（2015）年2月に「首都直下地震道路啓開計画（初版）」を策定し，平成28（2016）年3月には中部，近畿，四国，九州の各地方整備局において南海トラフ巨大地震についての道路啓開計画（初版）を策定した。さらに，熊本地震の教訓を踏まえて，実効性を高めるための各道路啓開計画の深化を図ることとしている[49]～[53]。

12

鉄　　　道

　本章では，鉄道に関する整備の経緯と現状を述べるとともに，鉄道の安全対策について，耐震化，脱線・逸脱対策，浸水防災対策などに関する現状と課題を解説する。

12.1　鉄道整備の経緯と現状

12.1.1　鉄道整備の経緯

　わが国の鉄道は，明治 5（1872）年の新橋 〜 横浜間の開通に始まり，明治 14（1881）年に発足した日本鉄道会社をはじめとして私設鉄道も多く建設された。明治 25（1892）年には『鉄道敷設法』が制定され，鉄道建設は官設を基本とすることとなり，日露戦争後，明治 39（1906）年の『鉄道国有法』により私設鉄道の買収が実施された。明治末期においては全国の鉄道の 9 割余を官設鉄道が占めることとなり，ほぼ全国の幹線網が完成するに至った。

　大正期に入って鉄道事業は急成長を遂げ，大正 9（1920）年には，鉄道省が設置され，この時期には鉄道技術も国際的水準に達した。

　昭和の初期にはほぼ郊外電車網の基礎が完成したが，日中戦争を契機として鉄道輸送も戦時体制に組み込まれることとなった。太平洋戦争を経て，鉄道施設は荒廃の極みに達し，国有鉄道では赤字などの難問に直面することとなった。昭和 23（1948）年には『日本国有鉄道法』が制定され，労使関係の民主化と経営効率の向上という両面から公共企業体として新たに**国鉄**が発足した。一方，民鉄においても荒廃ぶりは著しく，昭和 28（1953）年に『地方鉄道軌道整備法』が制定され，中小民鉄の救済が図られた。

12.1 鉄道整備の経緯と現状

　昭和30年代には，国鉄は，老朽化した施設などの取替えと電化に加えて，東海道新幹線の建設と従来線の線増工事を進めた。また，大都市においては地下鉄の建設が進められ，郊外民鉄との相互乗入れも実施された。

　昭和45（1970）年には『全国新幹線鉄道整備法』が制定され，東北，上越，成田新幹線†の工事が着手された。昭和57（1982）年には，東北・上越新幹線の大宮以北が開業し高速鉄道網がさらに拡大した。

　しかし，国鉄の経営悪化に伴い，昭和57年に第二次臨時行政調査会（臨調）が分割・民営化の方針を答申し，昭和61（1986）年に『国鉄改革関連8法』が制定された。これにより昭和62（1987）年，国鉄は明治5（1872）年以来115年の歴史を閉じ，新たに発足したJRなどに承継された。

　昭和63（1988）年には青函トンネルと本州四国連絡橋児島・坂出ルートが完成し，日本列島が陸上交通機関で結ばれ，東北新幹線の上野・東京延伸および北陸新幹線の高崎 ～ 長野間開業など幹線鉄道網の整備がさらに進展した[54]。

12.1.2　鉄道整備の制度と現状

　日本のおもに私設・民営鉄道の根拠法として長くその役割を担い続けた『地方鉄道法』（大正8（1919）年）が，昭和62（1987）年の国鉄改革に際して廃止され，民鉄などすべての鉄道事業を対象とする『鉄道事業法』が制定された。かつては，鉄道の建設と運営は同じ事業者が行うことを建前としていたが，鉄道事業法は建設事業の切離しを織り込み，鉄道事業を三つに区分した。

　第一種鉄道事業は，自社が保有する鉄道で旅客または貨物を運ぶ事業である。最も一般的な形態である。

　第二種鉄道事業は，他人が所有する線路を使って旅客または貨物を運ぶ事業を指す。国鉄改革によって発足したJR貨物は，JRの各旅客鉄道の線路を使って貨物を運んでいる。京成成田空港高速鉄道線，阪急神戸高速線，阪神神戸高速線は，地方公共団体や第三セクターなどが建設した線路を使って旅客輸送を

---

†　東京駅から新東京国際空港（現・成田国際空港）まで結ぶ新幹線として昭和51（1976）年度の開業を目指して建設されていたが，反対運動のため中止となった。

行っている。

第三種鉄道事業は，「鉄道線路を第一種鉄道事業を経営する者に譲渡する目的をもって敷設する事業及び当該鉄道線路を第二種鉄道事業を経営する者に専ら使用させる事業をいう」とされている。日本鉄道建設公団は，新線建設をした後，譲渡や貸付けをしているが，『日本鉄道建設公団法』が設けられており，第三種に関する鉄道事業法の規定を適用しない。本州四国連絡橋公団についても同様の扱いであり，この二つの公団から線路を借りたり，使ったりして輸送をする場合には第一種事業と見なすことにしている[55]。

〔1〕 新幹線鉄道

全国新幹線鉄道整備法（昭和45（1970）年）に基づき昭和48（1973）年の整備計画により整備が行われている5路線のことを整備新幹線という（表12.1）。

表12.1　整備新幹線

北海道新幹線	青森 ～ 札幌間
東北新幹線	盛岡 ～ 青森間
北陸新幹線	東京 ～ 大阪間
九州新幹線（鹿児島ルート）	福岡 ～ 鹿児島間
九州新幹線（西九州ルート）	福岡 ～ 長崎間

平成22（2010）年12月に東北新幹線（八戸 ～ 新青森間），平成23（2011）年3月に九州新幹線鹿児島ルート（博多 ～ 新八代間），平成27（2015）年3月に北陸新幹線（長野 ～ 金沢間），平成28（2016）年3月に北海道新幹線（新青森 ～ 新函館北斗間）が開業した。さらに，北海道新幹線（新函館北斗 ～ 札幌間）は平成42年度末，北陸新幹線（金沢 ～ 敦賀間）は平成34年度末の完成・開業を目指し，九州新幹線（武雄温泉 ～ 長崎間）は完成・開業時期を平成34年度から可能な限り前倒しすることとされている。

整備新幹線は，鉄道建設・運輸施設整備支援機構が新幹線施設を建設，保有し，営業主体であるJRに対して施設を貸し付ける上下分離方式により運営されている。財源については，貸付料収入を充てた残りの部分について，国が3

分の2，地方自治体が3分の1を負担することとしている[56]。

リニア中央新幹線は，東京都から甲府市附近，赤石山脈（南アルプス）中南部，名古屋市附近，奈良市附近を経由し大阪市までの約438 kmを，超電導リニアによって結ぶ新たな新幹線である[57]。平成23（2011）年5月，全国新幹線鉄道整備法に基づき東海旅客鉄道株式会社（JR東海）が営業主体および建設主体に指名され，整備計画が決定され，国土交通大臣からJR東海に対して建設の指示がなされた。平成26（2014）年10月には全国新幹線鉄道整備法に基づく工事実施計画が認可され，建設段階に移行した。

現在，東京～名古屋～大阪を結ぶ東海道新幹線の1日当りの利用者は約44万人，年間で約1億6 300万人となっている。この日本の大動脈は，将来の経年劣化や，大規模災害の発生が懸念されていることから，日本の大動脈の二重系化により災害に強い国土づくりを進めるため，リニア中央新幹線の整備はいっそう重要性を増している[58]。

〔2〕 都 市 鉄 道

都市鉄道の路線延長については全国の20 ％に満たないが，輸送人員は全国の90 ％近くを占めており，重要な役割を担っている。特に三大都市圏における旅客輸送の機関分担率では，鉄道の占有率は約52 ％に達している[59]。

三大都市圏の鉄道の総延長を見ると，東京圏（東京駅から半径50 km）約2 409 km，名古屋圏（名古屋駅から半径40 km）約956 km，大阪圏（大阪駅から半径50 km）約1 503 kmで，合計4 868 km（平成22（2010）年3月）であり，基幹的な交通機関としての役割を果たしている（**図12.1**）。

これまで，新線整備や相互直通運転によりネットワークを拡充してきたほか，平成17（2005）年には『都市鉄道等利便増進法』を制定し，既存ストックを有効活用した都市鉄道ネットワークを充実してきた。また，新線建設や複々線化などの輸送力増強により，ピーク時平均混雑率が東京圏176％→165 ％，大阪圏144 ％→122 ％，名古屋圏150 ％→130 ％（平成12年度→平成24年度）と徐々に低下してきた。

今後は，① 空港アクセスのいっそうの改善，② 遅延や輸送障害の拡大への

図 12.1 都市鉄道の総延長
（出典：国土交通省ホームページ：資料３鉄道行政の現状と課題について[60]）

対応，③依然として続く厳しい混雑への対応，④2020年オリンピック・パラリンピックへの対応，⑤まちづくりや他の交通モードとの連携が課題である[60]。

国土交通省においては，既存の都市鉄道施設を有効活用しつつ速達性の向上を図ることにより，利用者の利便増進に資する連絡線の整備や大都市交通の大きな担い手である地下鉄の整備などを推進するとともに，都市開発と一体的に行う鉄道駅の総合改善事業などを推進するため，助成を行っている[61]。

〔3〕 地域鉄道

地域鉄道は，地域住民の通学・通勤などの足として重要な役割を担うとともに，地域の経済活動の基盤をなすものである。地域鉄道とは，一般に，新幹線，在来幹線，都市鉄道に該当する路線以外の鉄道路線を指し，運営主体は中小民鉄やJR，一部の大手民鉄，中小民鉄および旧国鉄の特定地方交通線や整備新幹線の並行在来線などを引き継いだ第三セクターである。これらのうち，中小民鉄と第三セクターを合わせて**地域鉄道事業者**と呼んでおり，平成29（2017）年4月1日現在で96社となっている。

地域鉄道を取り巻く環境は，少子高齢化やモータリゼーションの進展などにより厳しい状況が続いており，平成28年度には96社中71社が鉄軌道業の経

常収支ベースで赤字を計上している[62]。

これまでに，予算措置，税制特例，地方財政措置などにより安全性向上に資する鉄道施設の整備などを推進してきたほか，鉄道事業再構築事業による事業構造の変更（**公有民営方式**による上下分離の導入など）や，鉄道事業再構築事業の特例として予算措置，税制特例，地方財政措置などによる総合的な支援を行うなどにより，鉄道事業者の運営負担の軽減を図ってきた。

今後は，① 厳しい経営環境における安全な鉄道輸送の確保，② 沿線住民の地域鉄道に対するマイレール意識の喚起，③ 沿線地域外からの利用者の確保などによる地域鉄道の活性化が課題である[60]。

国土交通省においては，地元自治体をはじめとする沿線地域における交通機関や輸送サービスのあり方に関する議論を踏まえて，地域が主導する意欲的な取組みに対して積極的に支援していくこととしている[62]。

〔**4**〕 **貨 物 鉄 道**

かつて，**貨物鉄道輸送**は国内貨物輸送の主要部分を担っていたが，自動車（トラック）輸送の著しい伸びにより，昭和40年代以降，鉄道輸送のシェアは大きく減少した。近年の国内貨物輸送量の輸送機関別シェアは，輸送重量（トンベース）では，自動車が約90％に対し，鉄道は約1％に過ぎない。輸送実態を正確に把握するには輸送距離も考慮する必要があることから輸送量（トンキロベース）で見ると，自動車約60％，内航海運約30％に対し，鉄道は約4％のシェアである。陸上貨物輸送の距離帯別にシェアを見ると，長距離帯になるほど鉄道貨物輸送のシェアが高くなっていることから，鉄道は長距離輸送においては一定の役割を果たしているといえる。

わが国の貨物鉄道輸送の大部分は日本貨物鉄道株式会社（JR貨物）が担っているが，同社のコンテナ平均輸送距離は900 kmを超えており，中長距離帯における輸送が中心である。区間としては，首都圏～福岡間（東海道線・山陽線など）の輸送需要が最も大きい（**図12.2**）。同区間では，コンテナ車を最大で26両連結した列車が運転されており，1編成当り650トンの荷物を一度に輸送することができる。また，臨海部と内陸との間の輸送では，1列車で

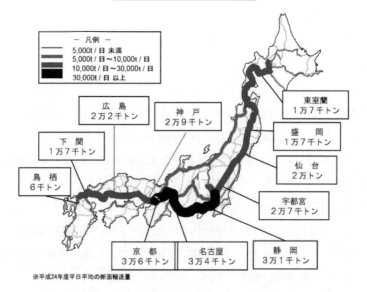

図 12.2　JR貨物の1日当りの断面輸送量
（出典：国土交通省ホームページ：資料3鉄道行政の現状と課題について[60]）

1 000キロリットルを超える大量の石油類を一挙に輸送することができる[63]。

JR貨物の平成23（2011）年度コンテナ輸送実績（1 961万トン）の内訳は，食料工業品（304万トン），紙パルプ（263万トン），宅配便など（204万トン），農産品・青果物（183万トン）などであり，人々の生活に密着した物資を輸送していることがわかる。また，車扱†の輸送実績（1 022万トン）の約7割は石油類が占めており，特に臨海部から内陸への石油類の輸送には鉄道が多く使われている。石油類の消費量に対する鉄道の輸送シェアが，長野県・群馬県で約80％，栃木県で約70％に及んでいる[63]。

東日本大震災の際は，仙台の製油所が操業を停止し，東北線も不通になったことから，それらの輸送が不可能となった。この事態に対処して，不通となった東北線に代えて，通常では貨物列車が運転されていない線区も活用して，日本海側を経由した石油類の緊急輸送が平成23（2011）年3月中旬から開始さ

---

†　車扱輸送とは，タンク車などの貨車を1両単位で貸し切って輸送する形態をいう。

れ，東北線が全線で運転を再開する同年4月中旬にかけての約1か月にわたって続けられた．盛岡に向けて1日1200～1400キロリットル，郡山に向けて1日1200キロリットル，期間中の合計で約5万7000キロリットル（20キロリットル積みタンクローリー約2850台分）の石油類が被災地に向けて輸送され，鉄道の大量輸送特性が発揮された[63]．

鉄道は，さまざまな輸送機関の中で環境負荷が最も少ないことが大きな利点である．単位輸送量（トンキロベース）当りのCO_2排出量を見ると，営業用貨物自動車と比べて，船舶は約6分の1，鉄道は約10分の1である（図12.3）．貨物輸送におけるCO_2排出量の削減を図る有効な手段として，貨物自動車から鉄道や船舶へのモーダルシフトを促進する必要があるとされている[64]．

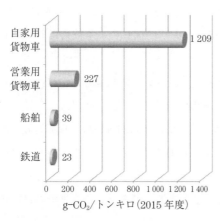

図12.3　輸送量当りのCO_2排出量（貨物）
(出典：国土交通省ホームページ：総合政策＞環境＞運輸部門における二酸化炭素排出量[64])

12.2　鉄道の安全対策

大量，高速，かつ定時に人や物を輸送する鉄軌道は，国民生活に欠かせない交通手段であり，鉄軌道輸送においては，ひとたび列車の衝突や脱線などが発生すると，多数の死傷者を生じるおそれがある．また，ホーム上でまたはホームから転落して列車に接触するなどの人身障害事故が増加していることから，このような事故防止の必要性が高まっている．このため，安心して利用できる

134   12章　鉄　　　　道

安全な鉄道交通を目指して，各種の安全対策が推進されている[65]。

12.2.1　鉄道の耐震化

　平成 7（1995）年の阪神・淡路大震災により山陽新幹線の高架橋が倒壊する
などの甚大な被害が発生したことから，平成 10（1998）年 12 月に鉄道土木構
造物の耐震基準が見直され強化された。平成 10 年の耐震基準では，兵庫県南
部地震のような，発生の可能性は低いが非常に強い内陸直下型地震も考慮して
設計をすることとし，阪神・淡路大震災以前に建設された土木構造物について
は，高架橋柱に鋼板を巻くなど耐震補強を実施した。

　新たな耐震基準に基づき高架橋や高架駅の耐震化が進められ，平成 22 年度
末までに新幹線について 99.9 ％，在来線について 95.9 ％が完了した[66]。

　この耐震基準に基づいて設計された鉄道構造物については，平成 23（2011）
年の東北地方太平洋沖地震（東日本大震災）の揺れによる被害は確認されな
かった[67]。

　平成 10 年の耐震基準はその後さらに見直され，東北地方太平洋沖地震の影
響についても確認を行い，平成 24（2012）年 7 月に改正された。

　高架橋などの耐震補強については，仙台地域，南関東地域，東海地域，名古
屋地域および京阪神地域などは優先的に対処することとし，新幹線および在来
線などについてはピーク時 1 時間列車本数 10 万本以上の線区などを対象とし
て，平成 29 年度末までの耐震補強完了を目指してきた。これまでの耐震化の
状況は，新幹線についてはおおむね 100 ％完了し，在来線については平成 28
年度末で約 97 ％である[67),68]。

　鉄道駅については，乗降客 1 日 1 万人以上，かつ折返し設備を有するまたは
他路線と接続している駅を緊急的に耐震性の確保が必要として，平成 29 年度
末を目標として耐震補強を進めてきた。これまでの耐震化の状況は，平成 28
年度末で約 94 ％である[67),68]。

　鉄道施設の耐震対策に関する国土交通省の国庫補助制度や，税制優遇制度を
活用して，重点的に耐震化に取り組む必要がある。

12.2 鉄道の安全対策

わが国では，今後，急速に社会資本の老朽化が進行すると見込まれるため，社会資本の維持管理が重要な課題となっている（図12.4）。鉄道施設については，法定耐用年数を超えたものが多くあり，これらの施設の維持管理が課題である。このため，経営環境が厳しさを増している地方の鉄道事業者に対して，初期費用はかかるものの，将来的な維持管理費用を低減し長寿命化に資する鉄道施設の補強・改良に対して，国土交通省が補助制度により支援を行っている[69]。

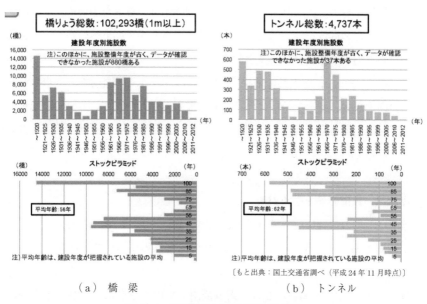

(a) 橋梁　　　　　　　　(b) トンネル

図12.4　鉄道施設の建設年度別施設数
(出典：国土交通省：資料3 鉄道行政の現状と課題について[60]，p.7)

12.2.2　新幹線の脱線・逸脱対策と早期地震検知システム

地震時の列車の脱線を極力防止する装置や，仮に脱線した場合においても線路から大きく逸脱することを防止する装置の整備をJR各社において実施中である。国土交通省によると，2015年度末時点の新幹線の脱線対策の進捗状況はつぎのとおりである[70]。

JR北海道，JR東日本，およびJR西日本（北陸新幹線）では，新幹線の全編成で，台車に逸脱防止ガイドを設置している。脱線時にL型の逸脱防止ガイドがレールに引っ掛かることにより，線路から大きく逸脱することを防ぐ。

JR東海，JR西日本（山陽新幹線），およびJR九州では，台車に逸脱防止ストッパーを取り付ける対策が完了しており，線路への脱線防止ガードや逸脱防止ガードの設置を引き続き進めている[71]。

早期地震検知システムも充実しつつある。これは，地震計が初期の小さな地震波を検知することにより大きな地震波の到来が推定された場合や，一定の大きさを超える地震波を検知した場合に，鉄道変電所から列車への送電を自動的に停止して列車の非常ブレーキを動作させ減速，停止させるシステムである。

JR各社において，地震計の増設，地震検知システムの機能強化，列車ブレーキ力の向上など，列車を早期に停止させる取組みが行われている。各研究機関が設置している海底地震計の利用についても，関係機関との調整，検討が進められている[71]。

12.2.3 鉄道の浸水防止対策

地下は地震の揺れに対しては地上に比べて強い一方で，浸水に対してはきわめて脆弱である。平成11（1999）年6月の福岡水害において博多駅周辺の地下街，地下鉄，ビルの地階などが浸水し，1人が地階に閉じ込められた死亡したほか，平成12（2000）年9月の東海豪雨では内水氾濫により名古屋市内の地下街，地下鉄が浸水した。平成25（2013）年9月には台風により，京都市内を流れる安祥寺川が氾濫し京阪電鉄の地下トンネルを経由して京都市営地下鉄が浸水し4日間運休となった（**表12.2**）。大都市圏で大規模水害が発生した場合，甚大な人的被害の発生や，地下鉄の運休などに伴う経済社会的影響が懸念される[72]。

また，地下駅出入口の止水板やトンネル坑口などの防水ゲートなどに対する国土交通省による補助制度が平成27年度より創設されている[73]。ハードおよびソフトの両面から，関係機関が連携して浸水防止や避難確保を図る必要がある。

12.2 鉄道の安全対策　　　　　137

表 12.2　地下空間の浸水事例

時　期	被災箇所	被災概要
平成 11 年 6 月	博多駅周辺の地下空間	梅雨前線による記録的な豪雨が九州地方北部を襲い、福岡市の中心部ではビルの地下階や地下鉄などで浸水被害が相次いだ。
平成 11 年 8 月	渋谷駅等の地下鉄	東京都内は 1 時間で最高 100 mm を超える激しい雷雨に見舞われた。半蔵門線・渋谷駅や銀座線・溜池山王駅内には大量の水が流れ込んだ。
平成 12 年 9 月	名古屋市内の地下鉄など	台風 14 号の影響で活動が活発化した秋雨前線により、名古屋市では 428 mm/日の降水量を記録。新川の破堤や内水氾濫により、市内各地の地下鉄などで浸水被害が生じた。
平成 15 年 7 月	博多駅周辺の地下空間	梅雨前線は 18 日夜から 19 日未明にかけて九州北部地方に停滞、南から暖かく湿った空気が流れ込み、前線の活動が活発になった。 この豪雨で福岡市では JR 博多駅周辺でビルや道路、地下施設に浸水、地下街や地下鉄の機能が一部麻痺した。
平成 16 年 10 月	麻布十番駅	東京都千代田区大手町では最大 1 時間雨量 69 mm の激しい雨を観測し、東京メトロが浸水。横浜市でも駅周辺を流れる河川が氾濫し、地下街が浸水するなど都心の広い範囲で被害が発生した。
平成 17 年 9 月	杉並区のビル地下	東京都、埼玉県では局地的に多いところで 1 時間に100 ミリを超える猛烈な雨に見舞われた。この豪雨により東京都管理の荒川水系妙正寺川、善福寺川などが氾濫し、杉並区のビルの地階で浸水被害が生じた。
平成 25 年 9 月	京都市御陵駅	安祥寺川の氾濫水が京阪電鉄の線路を伝い京都市営地下鉄に流入し、御陵駅が冠水。市営地下鉄が 4 日間運休するなど、交通網に影響を与えた。

（出典：国土交通省ホームページ：水管理など・国土保全＞防災＞自衛水防（企業防災）＞地下空間の浸水対策＞過去の浸水事例[74]）

13 港　　湾

　本章では，港湾に関する整備の経緯と現状を述べるとともに，鉄道の安全対策について，津波・高潮，耐震・液状化などの対策に関する現状と課題を解説する。

13.1　港湾整備の経緯と現状

　港湾は，海と陸をつなぐ交通の接続場所として物流機能を果たす重要な空間であり，人，もの，情報が交流する交通拠点，産業拠点としての役割を果たす。戦前は，港湾を国の営造物として国有・国営で運営してきたが，それを戦後 GHQ の指導と関与により，昭和 25（1950）年に，利害を有し地域を代表する港湾管理者によって自主的に経営されるべきとする考えに基づいて，港湾の基本法ともいわれる『港湾法』が制定された。港湾法により，港湾管理者は，欧米のポートオーソリティに相当する港務局，港湾所在の地方公共団体または関係地方公共団体の組合とされている。港務局は日本においては普及せず，大半の港湾が都府県，市町村などの地方公共団体単独管理となった。平成 29（2017）年 4 月 1 日現在，横浜港，神戸港，大阪港など 328 港は市町村が港湾管理者であり，598 港は都府県が港湾管理者となっており，港務局を設置しているのは新居浜港のみ，名古屋，四日市港，那覇港など 6 港では港湾管理組合を設置している[75),76)]。

　このように港湾法によって港湾管理は各港の港湾管理者に委ねられるが，港湾施設の建設などについては国の計画に基づき，政府からの助成によって進められている。

　港湾法に基づく港湾は全国に 994 港あり，港の規模や国際的な重要度などに

13.1 港湾整備の経緯と現状　　139

よって分類している。**国際戦略港湾**とは，長距離の国際海上コンテナ運送にかかわる国際海上貨物輸送網の拠点となり，かつ当該国際海上貨物輸送網と国内海上貨物輸送網とを結節する機能が高い港湾であって，その国際競争力の強化を重点的に図ることが必要な港湾として政令で定めるものをいう。**国際拠点港湾**とは，国際戦略港湾以外の港湾であって，国際海上貨物輸送網の拠点となる港湾として政令で定めるものをいう。**重要港湾**とは，国際戦略港湾および国際拠点港湾以外の港湾であって，海上輸送網の拠点となる港湾その他の国の利害に重大な関係を有する港湾として政令で定めるものをいう。**地方港湾**とは，国際戦略港湾，国際拠点港湾および重要港湾以外の港湾をいう（港湾法第2条第2項）。

　国際戦略港湾は，国内輸送と国際輸送（貿易）の両面で機能が高く，最重要とされており，東京，横浜，川崎，大阪，神戸の5港である。国際拠点港湾は，国際戦略港湾のつぎにランクされる港であり，特に貿易の面で重要度が高く，国の経済活動に大きな影響を及ぼす，苫小牧，新潟，千葉，名古屋，広島，博多などの18港である。重要港湾は，国際拠点港湾のつぎの102港であり，おもに国内輸送の拠点で，工業地帯などの近くに位置する。地方港湾は，地域の経済活動に影響を持つ港であり，全国で808港が指定されている[77]。

　「国土交通大臣は，港湾の開発，利用及び保全並びに開発保全航路の開発に関する基本方針（以下「基本方針」という。）を定めなければならない（港湾法第3条の2第1項)」とされており，「国際戦略港湾，国際拠点港湾又は重要港湾の港湾管理者は，港湾の開発，利用及び保全並びに港湾に隣接する地域の保全に関する政令で定める事項に関する計画（以下「**港湾計画**」という。）を定めなければならない（港湾法第3条の3第1項)」とされている。

　港湾管理者は，物流，産業，生活にかかわる活動が効率的に営まれるよう，港湾計画に沿って，水域と陸域を含む港湾空間のゾーニングや土地利用規制などによって調整・誘導を行う。

　港湾計画は，水域と陸域からなる港湾空間において開発，利用および保全を行うにあたっての指針となる基本的な計画であり，通常，10年から15年程度

の将来を目標年次として，その港湾の開発，利用および保全の方針を明らかに
するとともに，港湾の取扱可能貨物量その他の能力に関する事項，港湾の能力
に応ずる港湾施設の規模および配置に関する事項，港湾の環境の整備および保
全に関する事項，港湾の効率的な運営に関する事項その他の基本的な事項を定
めるものである[78]。

13.2 港湾の防災

港湾は，湾入り江の奥部に位置している場合が多いため，強風による吹き寄
せによって大きな高潮が発生しやすく，津波が湾や入り江の地形効果によって
増幅されやすい。また，港湾は沿岸部平地に位置するため，地盤は地震動が増
幅されやすく液状化が発生しやすい。港湾は，海象災害や地震災害を受けやす
いことに加えて，周辺に人口や資産が多く集まり，経済活動が盛んである。

多くの港湾は，海象災害から市街地などを守るための防護ラインが設定さ
れ，そのライン上に，防潮壁，水門，陸閘（りくこう）などが整備されている。数十年に一
度程度の津波や高潮から堤内地を守るという考え方で防潮施設の整備が進めら
れている場合が多い。防潮施設の能力を上回る海象現象に対しては，避難など
によって安全を確保する必要がある。

港湾は，防潮施設の海側に多くの施設や事業所が立地し，多くの人々が活動
し，原材料・製品・資産が置かれている。そうした地域は防潮施設で守られて
いないため，防波堤などによって波を低減させるほか，地盤面や床面を高くす
るなどの対策が取られる場合があるが，津波や高潮による浸水が生じやすい。
このような堤外地では，避難などによる安全確保策が堤内地以上に重要とな
る。

津波や高潮に対して安全性を確保するには，津波・高潮が堤内地に侵入する
のを防護ラインで止めることが基本となる。津波対策施設は，先行する地震動
によつて防潮機能を失わないように，耐震・液状化対策を適切に講じておく必
要がある。防護ラインで防御できる津波・高潮の高さには限度があり，それを
超えるものに対しては，各人の避難などによって安全を権保することが必要に

13.2 港 湾 の 防 災

なる[79]。

　東日本大震災では，これまでの三陸地方の代表的な設計対象津波である明治三陸津波などの規模をはるかに超える津波が来襲した。この教訓を踏まえ，基本的には二つのレベルの津波を想定することとしている。レベル1として，発生頻度が比較的高い津波に対しては，できるだけ構造物で人命・財産を守ることとし，レベル2として，発生頻度はきわめて低いが影響が甚大な津波に対しては，最低限人命を守るという目標のもとに被害をできるだけ小さくする考え方を目指すものとする。

　レベル1の津波については，ハザードマップの整備などソフト面の施策を充実させるとともに，ハード面の対策で浸水を防ぐことを基本として防潮堤の整備を着実に進める。地形によっては，湾口部において防波堤と防潮堤を組み合わせた多重の防護方式を活用することが有効である。

　レベル2の津波については，地域の実情に合わせて，ハード面の対策による減災効果を見込みつつ，土地利用や避難対策などのソフト面の対策と一体となった対応を進める。特に，防護ラインよりも海側は，発生頻度の高い津波であっても浸水が起きやすいことを考慮する必要がある。

　港湾施設の耐震化については，岸壁に加え，背後の臨港道路や埠頭用地，荷役機械などの港湾施設について，必要に応じ対策を講じる必要がある[80]。

14

空　　　　　港

　本章では，空港に関する整備の経緯と現状を述べるとともに，空港の防災について，輸送能力確保や，耐震対策，津波対策などに関する現状と課題を解説する。

14.1　空港整備の経緯と現状

　わが国は戦後すぐ飛行機の生産や運行が禁止され，昭和 26（1951）年になって米国ノースウエスト航空への運航委託によって民間航空輸送が再開された。昭和 27（1952）年には『航空法』が制定され，翌昭和 28（1953）年には日本航空による自主運航が開始された。飛行場は，戦後，GHQ に接収されていたが，昭和 26（1951）年に羽田飛行場の一部が返還された。続いて昭和 30（1955）年までに，熊本，丘珠，松山，大村，鹿児島，高松，高知，宮崎，小倉，八尾，調布の各飛行場が返還され，これらの飛行場は国（運輸省）の管理となった。

　航空ネットワークの拡大に必要な空港整備を推進するために，昭和 31（1956）年に『空港整備法』が制定され，三つの空港の種類が設定された。第一種空港とは，「国際航空路線に必要な飛行場」であり，第二種空港は，「主要な国内航空路線に必要な飛行場」，第三種空港は，「地方的な航空運送を確保するため必要な飛行場」とされている。同年，羽田空港が第一種空港に指定されて東京国際空港となり，稚内，高松，長崎（大村），熊本，鹿児島の 5 空港が第二種空港に指定された。

　第一種空港の整備は，国が費用を負担し，管理運営も国が主体的に取り組むこととされた。第二種空港については，国が事業主体となり，地方自治体にも

14.1 空港整備の経緯と現状　　143

一部費用の負担を求めた。第三種空港については，地方自治体が設置管理主体となり，国は整備費の一部を負担または補助するとされた[81]。

　昭和42（1967）年度より，計画的に空港整備，航空保安施設などの整備，空港周辺環境対策の推進を図るため，**空港整備五箇年計画**を策定して空港整備が推進された[82]。2003年に第7次計画が終了するまでに全国各地に空港が整備され，ジェット機対応のために滑走路の延伸も進められた。また，国際拠点空港として，昭和53（1978）年に成田国際空港，平成6（1994）年に関西国際空港，平成17（2005）年に中部国際空港が開港した。平成22（2010）年に新空港としては最後である茨城空港が開港し，平成30（2018）年4月現在，国内における民間航空輸送用の空港数は97である[83]。

　関西国際空港や中部国際空港の整備では民間資金も活用され，十分な空港数が全国に整備されてから，空港政策は整備から運営の時代に入った。空港整備法も2008年に空港法に改められ，空港の区分は**表14.1**のように改められた[84]。

表14.1　空港法による空港の区分

区　分		設置者	管理者	空港の名称
拠点空港	国際航空輸送網または国内航空輸送網の拠点となる空港	国土交通大臣	国土交通大臣	東京国際空港ほか18空港
		成田国際空港株式会社	成田国際空港株式会社	成田国際空港
		中部国際空港株式会社	中部国際空港株式会社	中部国際空港
		新関西国際空港株式会社	新関西国際空港株式会社	関西国際空港
				大阪国際空港
		国土交通大臣	地方公共団体	秋田空港ほか4空港
地方管理空港	国際航空輸送網または国内航空輸送網を形成するうえで重要な役割を果たす空港	地方公共団体	地方公共団体	青森空港ほか53空港
その他の空港	空港法第2条に規定する空港のうち，拠点空港，地方管理空港および公共用ヘリポートを除く空港	地方公共団体	地方公共団体	調布飛行場ほか5飛行場
		国土交通大臣	国土交通大臣	八尾空港
共用空港		アメリカ軍	アメリカ軍	三沢飛行場ほか7空港
		防衛省またはアメリカ軍	防衛省またはアメリカ軍	

（国土交通省ホームページ：航空＞空港一覧[85]）をもとに作成）

144　　　　　　　　　14章　空　　　　　港

14.2　空港の防災

　空港は，地震災害時には，緊急物資や人員などの輸送基地としての役割が求められる。特に空港が全国の航空機運航に重要な役割を果たしている場合やその機能低下が背後圏経済活動に与える影響が重大である場合には，航空ネットワークの維持や背後圏経済活動の継続性確保の役割が求められる。このため，国土強靱化基本計画などを踏まえて，空港の耐震対策や老朽化対策などの防災・減災対策を着実に実施するとともに，地震災害時に求められる空港の役割に応じてつぎの機能を有することが必要である[86),87)]。

　国土交通省航空局は，平成 17（2005）年に**地震に強い空港のあり方検討委員会**を設置し，地震災害時に空港に求められる役割や空港の耐震性向上の基本的な考え方について平成 19（2007）年 4 月に**地震に強い空港のあり方**として取りまとめた。これによると，緊急輸送の拠点となる空港については，発災後きわめて早期の段階に救急・救命活動などの拠点として機能すること，発災後 3 日以内に緊急物資・人員などの輸送受入れを可能とすることが求められる。このため，2 000 m 程度の滑走路を有し，自衛隊輸送機などによる大量輸送の受入れが可能な空港では，そのための施設の耐震性を確保すること，それ以外の空港では，ヘリコプターおよび小型機などによる輸送のための施設の耐震性を確保することとしている。

　緊急輸送の拠点となる空港のうち特に，航空輸送上重要な空港については，発災後 3 日をめどに定期民航機の運航を可能とし，再開後の運航規模は極力早期の段階で通常時の 50 ％に相当する輸送能力を確保することにより，航空ネットワークの維持および背後圏経済活動の継続性確保が求められる。このため，滑走路・誘導路などについて，定期民航機が極力早期の段階で通常時の 50 ％に相当する輸送能力の確保に必要な耐震性を確保することとしている[86)]。

　平成 19（2007）年の地震に強い空港のあり方を踏まえて，国管理の 19 空港において，空港が大規模地震発生時に必要となる活動量の想定，確保すべき機能，関係機関との連携などを内容とする空港防災拠点計画を平成 19 ～ 20 年度

14.2 空港の防災　　　　145

に策定した。仙台空港においては，耐震性向上の取組みとして液状化対策を実施していたことにより，滑走路の平坦性・舗装強度を保つことができていたため，東日本大震災の発災後も滑走路の機能が維持され，空港の早期使用が可能となった[88]。

空港の土木施設の耐震対策については，**表 14.2** に示すように，平成 26 (2014) 年 11 月時点で国管理空港および会社管理空港では，耐震照査は実施済みであり，必要に応じて耐震整備が計画的に実施されている。一方，地方管理空港で耐震照査を実施しているのは 59 空港中 23 空港にとどまっている[88]。

表 14.2 空港の耐震対策の対応状況（土木施設）[*1]

	国管理空港	会社管理空港[*2]	地方管理空港[*2]	その他の空港
	19 空港	4 空港	59 空港	7 空港
耐震照査実施の有無	19 空港が実施済み	耐震対策済み	23 空港が実施済み（残り 36 空港は未照査）	2 空港が実施済み（残り 5 空港は未照査）
耐震対策の必要性	19 空港中 15 空港が必要性あり		23 空港中 6 空港が必要性あり（さらに 5 空港が詳細検討中）	2 空港中 1 空港が必要性あり
耐震対策の実施の完了および予定の有無	15 空港中 13 空港が実施済みあるいは実施予定（2 空港は未定）		6 空港中 4 空港が実施済みあるいは実施予定	1 空港実施中

[注] ＊1　建築施設，航空保安施設についても，耐震対策事業を計画的に実施中。
　　　＊2　会社管理空港および地方管理空港の情報については，航空局によるアンケートまたはヒアリング結果による。
（出典：国土交通省航空局：南海トラフ地震等広域的災害を想定した空港施設の災害対策のあり方検討委員会（第 1 回），資料 2[88]）

国土交通省は，東日本大震災の教訓を踏まえて，平成 23 (2011) 年 10 月「空港の津波対策の方針」において，各空港の津波対応の体制を強化するため，**人命保護の方策**および**早期復旧対策**を二つの柱として方針を策定した。これを受けて，国管理空港および会社管理空港では，避難計画，早期復旧計画の策定が計画的に実施されているが，地方管理空港では，避難計画，早期復旧計画の策定が進んでいない。空港の津波対策の対応状況を**表 14.3** に示す[88]。

国土交通省は，平成 26 (2014) 年 11 月に，南海トラフ地震など広域的で大規模な災害を想定した空港の災害対策の方向性について検討すべく「南海トラフ地震等広域的な災害を想定した空港施設の災害対策のあり方検討委員会」を設

146　　　　　　　　　　14章　空　　　　　　　港

表 14.3　空港の津波対策の対応状況

	国管理空港	会社管理空港*1	地方管理空港*1	その他の空港
	19 空港	4 空港	59 空港	7 空港
浸水が想定される空港	8 空港 (残り 11 空港は浸水 は想定されない)	2 空港 (残り 2 空港は浸水 は想定されない)	10 空港 (残り 49 空港は浸水 は想定されない)	1 空港 (残り 6 空港は浸水 は想定されない)
津波による浸水想定の実施	8 空港中 5 空港実施済み	2 空港中 2 空港実施済み	10 空港中 5 空港実施済み*2	1 空港中 1 空港実施済み
津波避難計画の策定	8 空港中 8 空港策定済み	2 空港中 2 空港策定済み	10 空港中策定空港 なし	1 空港中 1 空港策定済み
津波早期復旧計画の策定	8 空港中 4 空港策定済み 2 空港検討中	2 空港中 1 空港策定済み 1 空港検討中	10 空港中 策定空港なし	1 空港中 策定空港なし

［注］＊1　会社管理空港および地方管理空港の情報については，航空局によるアンケートまたはヒアリン
　　　　　グ結果による。
　　　＊2　浸水想定を実施していないと整理されている空港においても，各自治体の防災部局において津
　　　　　波浸水想定を実施している場合がある。
　（出典：国土交通省航空局：南海トラフ地震等広域的災害を想定した空港施設の災害対策のあり方検討委員
　　会（第1回），資料 2[88]）

置し，検討の成果を平成 27（2015）年 3 月に公表した。この報告書において，
空港の地震・津波対策の基本的な考え方として，あらゆる可能性を考慮した最
大クラスの巨大な地震，津波の発生を考慮すること，緊急輸送活動の拠点機能
や航空ネットワーク機能の維持のために必要な耐震性の向上を図ることとして
いる。空港における津波対策については，最大クラスの津波に対しても人命の
安全が確保されるよう，旅客ターミナルビルなどの構造上の安全性を確保する
こと，ソフト対策として，地震災害に加え津波災害も対象として，人命の安全
を確保するための**避難計画**，空港に求められる役割を早期に回復するための**早
期復旧計画**を各空港で策定することなどとしている[89]。

15
下 水 道

本章では，下水道に関する整備の経緯と現状を述べるとともに，下水道の防災について，地震対策，浸水対策などに関する現状と課題を解説する。

15.1 下水道整備の経緯と現状

15.1.1 下水道整備の経緯

ヨーロッパなどでは下水道の歴史は古いが，わが国では，昔からし尿を農作物の肥料として用いており，し尿を直接川に流したり，道路に捨てるということはなかった。しかし，明治時代になって，人口が東京などの都市に集中するようになると，降雨による住宅の浸水や，低地に溜まった汚水による伝染病の発生などが問題になるようになった。そこで，明治14（1881）年に横浜のレンガ製大下水が着工され，明治17（1884）年には汚水排除も含めた本格的な下水道として東京の神田下水が着工された。

明治33（1900）年に『下水道法』が制定され，この法律では，下水道は土地の清潔を保つため汚水や雨水を疎通させる排水管などであり，事業は市町村公営で，新設には主務大臣の認可を要することとされた。

明治・大正時代は，下水排除のみのための下水道でさえなかなか整備が進まず，事業に着手した都市も少なかった。衛生環境整備の面で上水道が優先され，下水道への国民の関心も低かったこともあり，明治時代には5都市が，大正前半には不況対策として横浜市など11都市が着手するにとどまった。

昭和に入るとさらに30数都市が失業対策のため下水道の整備に着手した。昭和15（1940）年には約50都市に達し，下水道による排水人口は506万人と

148　　　　　　　　15章　下　　水　　道

なった。

　昭和21（1946）年から翌年にかけて公共事業は戦災復興事業を中心に進められたが，昭和23（1948）年度からは公共下水道に対する国の財政補助も復活した。東京都については，排水設備を設置した家屋の8割が焼失したが，公共下水道そのものの被害は軽微であったため，昭和24（1949）年には戦後の復興工事はほぼ完了した。

　戦後，産業活動の活発化と人口の都市集中により水需要が増大し，昭和21（1946）年から昭和33（1958）年までは水資源の確保が優先され，下水道は相変らず国の重点事業とはならなかった[90]。

　昭和33（1958）年には旧下水道法が抜本的に改正され，「都市環境の改善を図り，もって都市の健全な発達と公衆衛生の向上に寄与する」ことを目的として合流式下水道を前提に都市内の浸水防除，都市内環境整備に重点が置かれた。

　昭和30年代になると，工場などの排水によって全国主要都市内の河川から都市近郊の河川まで水質汚濁が急速に広がり，対策が急務となった。昭和42（1967）年には『公害対策基本法』が制定され，環境基準が定められるようになった。そして昭和45（1970）年の公害国会において『水質汚濁防止法』が成立し，水質汚濁に関する排水基準の設定や下水道が特定事業場として取り扱われることになった。同時に下水道法が改正され，法の目的に「公共用水域の水質の保全に資する」ことが加えられ，下水道は都市の公衆衛生の向上だけでなく，公共用水域の水質保全の役割を担うようになった。そして，流域下水道事業の創設など事業制度が整い，事業が急速に進展した[91]。

　さらに，昭和53（1978）年に総量規制制度が導入され，下水道が水質保全に果たすべき役割はいっそう重要になった。また，昭和59（1984）年に制定された『湖沼水質保全特別措置法』においても下水道が重要な施策として位置付けられた。平成5（1993）年11月には公害対策基本法に代わって『環境基本法』が制定され，平成6（1994）年3月には『水道原水水質保全事業の実施の促進に関する法律』と『特定水道利水障害の防止のための水道水源水域の水

質の保全に関する特別措置法』が制定され，下水道が生活排水対策の中心として位置付けられた[92]。

15.1.2 下水道整備の制度と現状

〔1〕 下水の排除方式

下水道の役割は，第一に，汚水を処理して人間が快適で衛生的な毎日を送れるようにすること，第二に，雨水枡から雨水を流して，台風や大雨のときに雨水が溜まらないようにすることである。汚水と雨水を併せて下水という[93]。

下水を下水道管で排除する方法には，つぎの二つの方法がある（**図15.1**）。

① 分流式…汚水と雨水を別々の管渠系統で排除

② 合流式…汚水と雨水を同一の管渠系統で排除

分流式は，雨天時に汚水を公共用水域に放流することがないので，水質汚濁防止上有利である。また，在来の雨水排除施設を利用する場合は経済的に有利であるが，新設する場合にはコストがかかる。

合流式は，1本の管渠で汚濁対策と浸水対策をある程度同時に解決することが可能であり，施工も比較的容易である。しかし，大雨が降ったときに汚水の混ざった水が川や海に放流され，水質汚濁を招いてしまうことがある。

東京などの大都市は河川の下流部に位置しており，都市内の浸水防除と都市内の生活環境の改善を行うことが喫緊の課題であったため，合流式下水道が採用された。しかし，昭和45（1970）年に『下水道法』が改正され，下水道の役割として，公共用水域の水質保全が位置付けられてからは，分流式が採用されるようになった[94]。

合流式下水道は，一定量以上の降雨時に未処理下水の一部がそのまま放流されるので，公衆衛生・水質保全・景観上問題である。このため，平成15年度には下水道法施行令を改正し，中小都市（170都市）は平成25年度，大都市（21都市）は平成35年度までに合流式下水道の緊急改善対策を完了させることを義務付けた[95]。

15章 下水道

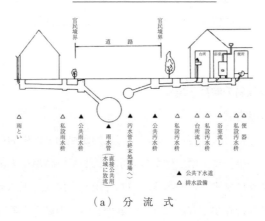

（a）分流式

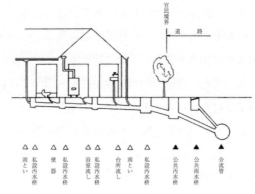

（b）合流式

図 15.1　下水の排除方式
（出典：国土交通省ホームページ：下水道＞下水道のしくみと種類
＞下水道の構成と下水の排除方式[94]）

〔2〕　下水道の種類

　下水道法により，下水道は「下水を排除するための設けられる排水管，排水渠その他の排水施設（かんがい排水施設を除く），これに接続して下水を処理するために設けられるポンプ施設その他施設の総体をいう（第2条第2号）」と定義されており，下水道として整備を図るものとしては，同法第2条第3号に規定する**公共下水道**，同条第4号に規定する**流域下水道**および同条第5号に規定する**都市下水路**の3種類の下水道がある（**図 15.2**）。

15.1 下水道整備の経緯と現状

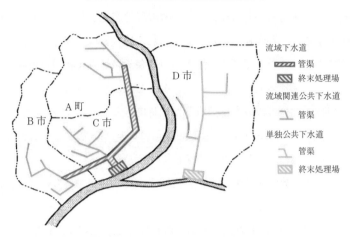

図 15.2 下水道・汚水処理施設の種類
（出典：国土交通省ホームページ：下水道のしくみと種類
＞下水道の種類，下水道・汚水処理施設の種類[96]）

表 15.1 下水道の種類

（出典：国土交通省ホームページ：下水道のしくみと種類＞下水道と他の汚水処理施設[97]）

このほか汚水を処理する類似施設としては，コミュニティプラントや農業集落排水事業，合併処理浄化槽などがある（**表 15.1**）。

これらの施設については，それぞれの施設の特徴を生かして，連携して整備，管理を行うことが重要であり，地域ごとの特性を踏まえ，汚水処理施設全体として計画的かつ効率的な整備，管理に努める必要がある[97]。

公共下水道は，「主として市街地における下水を排除し，又は処理するために地方公共団体が管理する下水道で，終末処理場を有するもの又は流域下水道に接続するものであり，かつ，汚水を排除すべき排水施設の相当部分が暗渠である構造のもの（下水道法第2条第3号）」をいう。公共下水道の設置，管理

は，原則として市町村が行うが，2以上の市町村が受益し，かつ関係市町村の
みでは設置することが困難であると認められる場合には，都道府県がこれを行
うことができる。また，平成3年度から『過疎地域活性化特別措置法』に基づ
く特例として，過疎地域のうち，一定の要件を満たす市町村については，幹線
管渠等の根幹的部分の設置を都道府県が代行できるようになった。

　また，平成27（2015）年の下水道法改正により，多発する浸水被害に対し
て主として市街地における雨水のみを排除するために，河川その他の水域もし
くは海域に雨水を放流するものまたは流域下水道に接続するものを雨水公共下
水道として実施することとなった。

　流域下水道は，「専ら地方公共団体が管理する下水道により排除される下水
を受けて，これを排除し，及び処理するために地方公共団体が管理する下水道
で，2以上の市町村の区域における下水を排除するものであり，かつ，終末処
理場を有するもの（下水道法第2条第4号イ）」または「公共下水道（終末処
理場を有するものに限る。）により排除される雨水のみを受けて，これを河川
その他の公共の水域又は海域に放流するために地方公共団体が管理する下水道
で，2以上の市町村の区域における雨水を排除するものであり，かつ当該雨水
の流量を調節するための施設を有するもの（下水道法第2条第4号ロ）」をい
う。流域下水道の設置・管理は，原則として都道府県が行うが，市町村も都道
府県と協議してこれを行うことができる[98]。

〔3〕　汚水処理の普及状況

　国土交通省，農林水産省，環境省の合同で，おのおのが所管する下水道，農
業集落排水施設，および浄化槽などによる汚水処理の普及状況を調査した結
果，平成28年度末における全国の汚水処理施設の処理人口は，1億1531万人
となり，これを総人口に対する割合で見た汚水処理人口普及率は90.4％（平
成27年度末89.9％）と，平成8年の調査開始以来初めて90％を超えた。一
方で，いまだに約1200万人が汚水処理施設を利用できない状況にあり，特に
人口5万人未満の市町村の汚水処理人口普及率は78.3％にとどまっている。
なお，調査結果は，東日本大震災の影響により調査不能な市町村を除いた集計

データを用いている。

都道府県別の普及状況では，上位3位は東京都（99.8 %），兵庫県（98.7 %），滋賀県（98.6 %），下位3位は徳島県（58.9 %），和歌山県（62.2 %），大分県（74.9 %）となっている[99]。

15.2 下水道の防災

15.2.1 下水道の地震対策

地震などにより下水道施設が被災すると，公衆衛生上の問題や交通障害の発生ばかりでなく，トイレを使用できなくなるなど，住民の健康や社会活動に重大な支障を及ぼす。下水道施設は，地震時に同等の機能を代替する手段がないにもかかわらず，膨大な施設の耐震化がいまだ完了していない（**図 15.3**）[100]。重要な施設の耐震化を図りつつ，被災を想定して被害の最小化を図る総合的な地震対策を推進する必要がある。

平成16（2004）年10月の新潟県中越地震により，兵庫県南部地震以来の大きな被害を下水道施設にもたらしたことから，緊急性の高い地震対策を早急に実施するため，平成18年度より，地震対策を実施する地方公共団体に対して，国が必要な助成を行う制度として**下水道地震対策緊急整備事業**が創設された。地方公共団体が国土交通省と協議して策定した**下水道地震対策緊急整備計画**に従い実施する事業を対象とするものである[100],[101]。

これにより，平成20年度末時点で全国84か所において地震対策緊急事業を実施するに至ったが，国土交通省は，平成21年度に，人口集中地区（densely inhabited district, DID）を有する都市など地震対策に取り組む必要性が高い地域に重点地区を設定して防災・減災両面からの対策を総合的かつ効率的に行い，被害の最小化を図ることを目的に**下水道総合地震対策事業**を創設した。重点地区において5年間以内に，原則として計画期間5年以内の計画を作成して対策を実施するものである。この下水道総合地震対策事業の創設に伴い，下水道地震対策緊急整備事業は下水道総合地震対策事業に切り替えて継続実施されることとなった[102]。

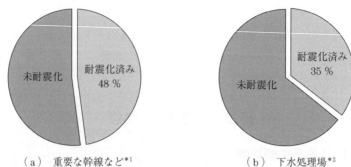

(a) 重要な幹線など*1　　　（b）下水処理場*2

*1 重要な幹線など：
　a. 原則として流域幹線の管路
　b. ポンプ場，処理場に直結する幹線管路
　c. 河川，軌道などを横断する管路で地震被害によって二次災害を誘発するおそれのあるもの，および復旧がきわめて困難と予想される幹線管路
　d. 被災時に重要な交通機能への障害を及ぼすおそれのある緊急輸送路などに埋設されている管路
　e. 相当広範囲の排水区を受け持つ吐き口に直結する幹線管路
　f. 防災拠点や避難所，または地域防災対策上必要と定めた施設などからの排水を受ける管路
　g. その他，下水を流下収集させる機能面から見てシステムとして重要な管路
*2 下水処理場：地震時においても下水処理機能のうち「揚水」，「沈殿」，「消毒」による最低限の機能が確保されている下水処理場

図 15.3　下水道施設の耐震化状況（平成 28 年度末）
（出典：国土交通省ホームページ：下水道＞地震対策の推進[103]）

また，下水道施設を管理する地方公共団体における地震発生時の初動の迅速化，国や関係機関による早急な支援体制の構築などに活用するため，国土交通省は公益社団法人日本下水道協会と共同で G アラートを構築し，平成 29 (2017) 年 9 月より運用を開始した。G アラートとは，気象庁から発信される地震情報をもとに，震度 5 弱以上の地震発生地域における下水処理場，ポンプ場を自動で抽出し，施設を管理する都道府県，市町村の担当職員や関係機関職員の携帯やパソコンに通知するシステムである[104]。

15.2.2　下水道による浸水対策

国土交通省は，平成 18 年度に，地下空間利用が高度に発達し浸水のおそれ

15.2 下水道の防災

のある地区，都市機能が集積している主要なターミナル駅の周辺地区などで浸水実績がある地区，床上浸水被害が発生した地区などの浸水被害の軽減・最小化および解消を目的とする助成制度して**下水道総合浸水対策緊急事業**を創設した。

この制度により，平成20年度末時点において全国91地区で緊急事業を実施するに至ったが，国土交通省は，平成21年度に，重点地区を設定して防災，減災両面からの対策を総合的かつ効率的に行い，被害の最小化を図ることを目的に**下水道浸水被害軽減総合事業**を創設した[105]。重点地区において，地区要件該当後5年間以内に，原則として計画期間5年以内の計画を作成して対策を実施するものである。この下水道浸水被害軽減総合事業の創設に伴い，下水道総合浸水対策緊急事業は下水道浸水被害軽減総合事業に切り替えて継続実施されることとなった[102]。

16 水　　　道

　本章では，水道に関する整備の経緯と現状を述べるとともに，水道の安全対策について，耐震化，水質汚染対策などに関する現状と課題を解説する。

16.1　水道整備の経緯と現状

16.1.1　水道整備の経緯

　日本の水道事業は，明治 20（1887）年に横浜で初めて近代水道が布設されたことから始まった。横浜は，埋立地が多く井戸水が飲用に適さなかったため水確保に強い要望があり，町会所（県庁）が明治 18（1885）年に相模川からの給水を起工し，明治 20 年に竣工した。明治 23（1890）年に『水道条例』が制定され，同年横浜市に移管された[106],[107]。

　水道条例は，『明治憲法』が発布された明治 22（1889）年 2 月より遅い明治23（1890）年 2 月の公布だが，第 1 回帝国議会が招集された明治 23 年 11 月の前であったため議会の協賛なしに元老院の審議と天皇裁可で成立した法律である。そのため，名称がそれまでの勅令に例が見られる条例となっている[108]。

　当時は，海外から持ち込まれるコレラなどの伝染病が水を介して蔓延するのを防ぐことが喫緊の課題であり，横浜に続いて，明治 22（1889）年に函館，明治 24（1891）年に長崎など港湾都市を中心につぎつぎと水道が整備された[107]。

　水道条例を受けて認可された第 1 号は大阪市であった。明治 25（1892）年に起工し明治 28（1895）年に竣工した。東京の水道は，明治になってからも依然として玉川上水などに依存していたが，上水路の汚染や木製の樋の腐朽と

16.1 水道整備の経緯と現状

いった問題が生じ，明治21（1888）年，近代水道建設に向けて調査設計を開始し，明治31（1898）年末の一部給水をはじめとして，明治32（1899）年に淀橋浄水場からの給水を開始し，順次区域を拡大して明治44（1911）年に全面的に完成した[109],[110]。

水道条例は昭和32（1957）年の水道法により廃止されるまで，5回改正された。戦後，水道行政の所管をめぐり混乱が生じたため水道法の制定が難航したが，上水道は厚生省，下水道は建設省，工業用水道は通商産業省の所管とするとの調整が整い，昭和32年に『水道法』，昭和33年に『下水道法』，『工業用水道法』および『水質二法』†が制定された[111]。

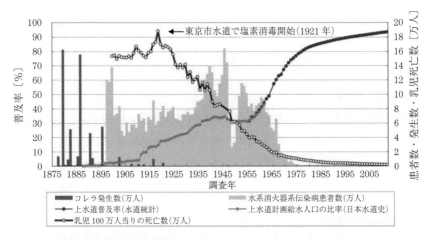

(注) 1. 国土交通省水資源部作成
2. 水道普及率は「日本水道史」，「水道統計」（厚生労働省）による
3. コレラ発生数は「日本水道史」および「伝染病統計」（厚生労働省）による
4. 乳児死亡率は「人口動態統計」（厚生労働省）による
5. 水系消化器系伝染病患者数はコレラ，赤痢，腸チフス，パラチフスの患者数で「日本水道史」による（1877～1896年）「伝染病統計」（厚生労働省）による（1897～1999年）（2000年以降統計統計データなし）

図16.1 水道普及率と水系伝染病患者，乳児死亡数
（出典：国土交通省水管理・国土保全局水資源部：日本の水[112]）

---

† 『公共用水域の水質の保全に関する法律』および『工場排水等の規制に関する法律』をいう。昭和45年に水質二法に代わって『水質汚濁防止法』が制定された。

158　　　　　　　　　　　16 章　水　　　　　道

　水道の整備は，2 回にわたる世界大戦の影響で長く停滞していたが，高度経済成長期に飛躍的な拡張を遂げ，現在では，給水人口 1 億 2 431 万人，普及率 97.9 ％（平成 29（2017）年 3 月 31 日現在）に達した[107]。

　わが国では，明治初頭にコレラが発生し，衛生対策が大きな問題であったが，近代的な水道施設の整備と塩素消毒の導入などによって乳児死亡数やコレラ，赤痢をはじめとする水系消化器系伝染病患者数は急激に減少した。図 16.1 に示すように，水道の普及とともに，コレラ発生数，水系消化器系伝染病患者数，乳児 100 万人当りの死亡数のいずれもが劇的に減少している。いまや，わが国の水道は，水質の良さや漏水率の低さなどの観点からも完成度が高く，国民生活および社会経済活動を支える基盤施設であり，外国人を含め全国どこでも安心して蛇口から出る水を直接飲むことができる世界に冠たるものとなっている[107],[112]。

16.1.2　水　道　の　現　状

　前項で述べたように，水に関する行政の所管は多岐にわたっている。水道行政は厚生労働省の所管だが，水道の水源の多くを占める河川を管理するのは国土交通省であり，多目的ダムにより水源を確保することや，下水道についても国土交通省が所管する。工業用水は経済産業省，農業用水は農林水産省の所管である。また，水の需給計画など各省と調整を要する事項は国土交通省の所管であり，水質など水の環境に関することは環境省の所管である（表 16.1）。

表 16.1　水に関する各省の管轄

厚生労働省	上水道
国土交通省	下水道，治水，水資源
経済産業省	工業用水
農林水産省	農業用水
環境省	水環境

　わが国では年間約 264 億 m^3 の都市用水を使用し，その約 76 ％は河川からの取水に依存しているが，そのうちの約 53 ％はダムなどの水資源開発施設の整備によって安定的な取水が可能となった水量である[113]。ここで，都市用水とは生活用水と工業用水を合わせたものであり，生活用水は，家庭用水と都市活動用水を合わせたものである。家庭用水は，一般家庭の飲料水，調理，洗

16.1 水道整備の経緯と現状 159

濯, 風呂, 掃除, 水洗トイレ, 散水などに用いる水であり, 都市活動用水は, 飲食店, デパート, ホテルなどの営業用水, 事業所用水, 公園の噴水や公衆トイレなどに用いる公共用水などが含まれる。生活用水は, 水道により供給される水の大部分を占めている[114]。

水資源開発施設としては, 主としてつぎの施設の整備によって, 新たな水量が利用可能となる。また, 河川から浄水場など水を利用する場所まで水を導水するための水路が, 併せて整備される。

① ダム, 堰…水道用水, 工業用水, 農業用水の確保を目的として, それぞれ専用の施設を建設する場合と, 治水や流水の正常な機能の維持, 水力発電などの目的を併せ持った多目的施設を建設する場合がある。

② 湖沼開発施設/琵琶湖開発施設, 霞ヶ浦開発施設など…湖沼の水位を人為的に調整して, ダムと同様に新たな水量を利用可能にする。

③ 流況調整河川/北千葉導水路, 霞ヶ浦導水など…年間の流量の変動が異なる複数の河川を接続して, 一方の河川の流量が不足するときに他の河川から導水することによって新たな水量を利用可能にする。

わが国ではこれまでに, 約 800 か所の多目的ダムと, 約 1 900 か所の農業用水, 水道用水, 工業用水に関する専用ダムが建設され, 年間約 186 億 m³ の都市用水の安定的な取水を可能にしている。

特に, 人口や経済活動が集中している関東臨海部の生活用水については, 河川から取水する水量の約 91 ％が水資源開発施設の整備によって安定的な取水が可能となった水量となっている (**図 16.2**)[113]。

河川水を取水する場合, 水資源開発施設がまだ完成していない状況でもその緊急性等からやむを得ず取水が許可されることがある。このような取水は, 河川水が豊富なときだけしか取水できないため不安定な取水となる。平成 28 (2016) 年 12 月末における都市用水の不安定取水量は, 全国で約 9 億 m³/年である。不安定取水量の都市用水使用量に対する割合を地域別に見ると, 関東臨海が約 14 ％と高く, これに続き関東内陸で約 6 ％となっている[115]。

平成 26 (2014) 年のわが国の都市用水の取水量約 259 億 m³/年の水源は,

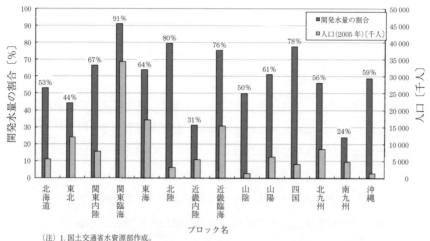

図 16.2 生活用水に占める開発水量（ダムなどの水資源開発施設の整備によって安定的な取水が可能となった水量）の割合
（出典：国土交通省ホームページ：日本の水資源の現状・課題＞水資源の開発，図–生活用水に占める開発水量の割合[116]）

河川水が約 197 億 m^3/年（構成比約 76 %），地下水が約 62 億 m^3/年（同約 24 %）となっている。地域別，用途別の地下水依存率について見ると，都市用水は関東内陸，東海，北陸，南九州で高くなっている（**表 16.2**）[117]。

地方公共団体によっては，震災時の地下水の活用を**地域防災計画**に位置付けて，災害用井戸の計画的な設置や，個人，事業所，公共施設などが所有する井戸を緊急時に活用する体制の整備などを行っている事例もあり，自立分散型の代替水源としての役割が期待されている。さらに，表層水の開発が困難な一部地域では地下ダムによる地下水利用が進められており，水道用水の確保を目的とした福岡県宇美町の天ヶ熊ダム，長崎県長崎市の樺島ダムなどの例がある。

その他の生活用水の水源として，海水の利用が挙げられる。海水淡水化技術によって海水から塩分などを除去し淡水を得ることができる。この技術は，塩分や鉱物イオンが含まれる地下水などからの不純物除去にも利用されている。すでに普及，実用化されている淡水化方式として，蒸発法，逆浸透法，電気透析法がある。水資源の乏しい離島などにおける生活用水の水源として用いら

16.1 水道整備の経緯と現状 *161*

表 16.2 地域別の都市用水の水源別取水量

(単位：億 m³/ 年)

	河川水		地下水		合　計
北海道	13.9	90.1 %	1.5	9.9 %	15.5
東北	21.0	80.5 %	5.1	19.5 %	26.0
関東	54.5	79.7 %	13.9	20.3 %	68.4
関東内陸	10.2	58.8 %	7.1	41.2 %	17.3
関東臨海	44.3	86.7 %	6.8	13.3 %	51.1
東海	25.9	62.2 %	15.7	37.8 %	41.6
北陸	4.5	51.4 %	4.2	48.6 %	8.7
近畿	29.6	81.3 %	6.8	18.7 %	36.4
近畿内陸	6.6	71.3 %	2.7	28.7 %	9.3
近畿臨海	23.0	84.7 %	4.1	15.3 %	27.1
中国	19.2	85.7 %	3.2	14.3 %	22.4
山陰	2.1	62.9 %	1.2	37.1 %	3.3
山陽	17.1	89.6 %	2.0	10.4 %	19.1
四国	8.2	64.8 %	4.5	35.2 %	12.7
九州	18.4	72.9 %	6.9	27.1 %	25.3
北九州	12.1	84.1 %	2.3	15.9 %	14.3
南九州	6.4	58.2 %	4.6	41.8 %	11.0
沖縄	2.0	88.4 %	0.3	11.6 %	2.2
全　国	197.2	76.1 %	62.1	23.9 %	259.3

(注) 1. 国土交通省水資源部調べによる推計値
　　　2. 百分率表示は地域ごとの合計に対する割合
(出典：国土交通省：水管理・国土保全＞水資源＞平
成 29 年版日本の水資源の現況，第 3 章 水の適正な
利用の推進[117])

れ，最近では，エネルギー消費量が他の方式に比べて少ない逆浸透法プラント
が増加している[118]。

　水道法は「水道の布設及び管理を適正かつ合理的ならしめるとともに，水道
を計画的に整備し，及び水道事業を保護育成することによって，清浄にして豊
富低廉な水の供給を図り，もって公衆衛生の向上と生活環境の改善とに寄与す
ることを目的とする（第 1 条）」としており，水道とは「導管及びその他の工
作物により，水を人の飲用に適する水として供給する施設の総体をいう（ただ
し，臨時に施設されたものを除く）（第 3 条）」と定義している。

162　　　　　　　　　　16 章　水　　　　道

　水道事業は，給水区域の住民などに対して水を独占的に供給する事業であり，きわめて公共性の高いものである。水道事業はおもに市町村により経営されており，給水人口 5 万人超の水道事業などについては厚生労働大臣，給水人口 5 万人以下の水道事業などについては都道府県知事の認可を受けることとしている（水道法第 6 条，第 7 条，水道法施行令第 14 条など）[119],[120]。

　給水人口が 5 000 人を超えるものを慣用的に**上水道事業**と呼び，給水人口が 5 000 人以下であるものを特に**簡易水道事業**という。水道の種類別の事業数などを**表 16.3** に示す。なお，水道から，生活用水のほか食料品産業など一部の工業用水の用途にも供給されている。

　水道事業は，給水区域の住民などに対して水を独占的に供給する事業であり，きわめて公共性の高いものである。水道事業の経営は，原則として市町村が行うこととし，給水人口 5 万人超の水道事業などについては厚生労働大臣，

表 16.3　水道の種類　　　　（平成 29 年 3 月 31 日現在）

種　別	内　容	事業数	現在給水人口
水道事業 （水道法三条2）	一般の需要に応じて，水道により水を供給する事業（給水人口 100 人以下は除く）		
上水道事業 （水道法三条3）	給水人口が 5 000 人超の水道事業	1 355	1 億 2 023 万人
簡易水道事業 （水道法三条3）	給水人口が 5 000 人以下の水道事業	5 133	369 万人
小計		6 488	1 億 2 392 万人
水道用水供給事業 （水道法三条4）	水道事業者に対し水道用水を供給する事業	92	——
専用水道 （水道法三条6）	寄宿舎，社宅等の自家用水道などで 100 人を超える居住者に給水するものまたは 1 日最大給水量が 20 m³ を超えるもの	8 213	39 万人
計		1 万 4 793	1 億 2 431 万人

（注）　平成 28 年度は，東日本大震災および東京電力福島第一原子力発電所事故の影響で福島県の一部市町村において下記のとおり給水人口データの提出ができなかった。
1. 現在給水人口を計上できなかった市町村（給水区域が避難指示区域および災害により調査不能のため）→ 双葉町，大熊町，富岡町，楢葉町，浪江町，葛尾村，飯舘村
2. 広野町：避難指示区域外であるが，流動人口が多く，正確な行政区域内人口および現在給水人口が算出できないため，いずれも「0」を計上。
（出典：厚生労働省ホームページ：健康＞水道対策＞水道の基本統計[121]）

給水人口 5 万人以下の水道事業などについては都道府県知事の認可を受けることとしている（水道法第 6 条，第 7 条，水道法施行令第 14 条など）[120]。

　水道は，普及率の向上に伴い国民の生活の基盤として必要不可欠なものとなっているが，水道施設の老朽化，耐震性の不足，職員数の減少，人口減少による料金収入減といった課題に直面している。将来にわたって安全な水の安定的な供給を維持していくためには，水道事業の基盤強化が重要な課題になっている[121]。

　このため，厚生労働省は，これまで，水道を取り巻く事業環境の変化に対応し関係者が一丸となって対応できるよう水道ビジョン（平成 16 年策定，平成 20 年改訂）を作成したほか，平成 21（2009）年には水道事業におけるアセットマネジメント（資産管理）に関する手引きを提供するなど，水道事業者などによる対策の実施を支援してきた[122]。

　さらに，平成 25（2013）年 3 月には，人口減少や東日本大震災の経験などを踏まえて水道ビジョンを全面的に見直して新水道ビジョンを策定し，「安全」，「強靱」，「持続」を目指す方向性として位置付けた。新水道ビジョンでは，50 年後，100 年後の将来を見据えて，水道の理想像を明示し，取組みの目指すべき方向性やその実現方策，関係者の役割分担を提示した[122]。

　また，水道関係機関と連携し各種施策の推進状況の確認などを行う「新水道ビジョン推進協議会」を開催するとともに，都道府県および水道事業者などが地域内で連携を図って各種施策について議論を行う「新水道ビジョン推進のための地域懇談会」を全国各地で展開し，強靱で安全な水道の持続に向けた取組みにつなげている[121]。

16.2　水道の安全対策

16.2.1　水道施設の耐震化

　近年の地震の発生により水道の被害が多発している。最近のおもな地震による水道の被害状況を**表 16.4** に示す。

164   16章 水   道

表 16.4 最近のおもな地震と水道の被害状況

地震名等	発生日	最大震度	地震規模 (M)	断水戸数	最大断水日数
阪神・淡路大震災	平成7年1月17日	7	7.3	約130万戸	約3か月
新潟県中越地震	平成16年10月23日	7	6.8	約13万戸	約1か月 (道路復旧などの影響地域除く)
能登半島地震	平成19年3月25日	6強	6.9	約1.3万戸	14日
新潟県中越沖地震	平成19年7月16日	6強	6.8	約5.9万戸	20日
岩手・宮城内陸地震	平成20年6月14日	6強	7.2	約5.6千戸	18日 (全戸避難地区除く)
駿河湾を震源とする地震	平成21年8月11日	6弱	6.5	約7.5万戸*	3日
東日本大震災	平成23年3月11日	7	9.0	約256.7万戸	約7か月 (津波地区など除く)
長野県神城断層地震	平成26年11月22日	6弱	6.7	約1.3千戸	25日
熊本地震	平成28年4月14・16日	7	7.3	約44.6万戸	約3か月半 (家屋など損壊地域除く)
鳥取県中部地震	平成28年10月21日	6弱	6.6	約1.6万戸	4日

＊ 駿河湾の断水戸数は緊急遮断弁の作動が多数あったことによる。
(出典:厚生労働省ホームページ:健康＞水道対策＞水道施設の耐震化の推進[123])

　水道は,市民生活や社会経済活動に不可欠の重要なライフラインであり,地震などの自然災害,水質事故などの非常事態においても,基幹的な水道施設の安全性の確保や重要施設への給水の確保,さらに被災しても速やかに復旧できる体制の確保などが求められている。しかし,水道施設の耐震化の進捗状況については,平成28年度末(平成29 (2017) 年3月末) 現在,水道施設のうち基幹的な管路の耐震適合性のある管の割合は38.7%,浄水場の耐震化率は27.9%,配水池は53.3%にとどまっている。

　厚生労働省は,水道施設・管路の耐震化の促進に向けた水道事業者の取組みを推進するため,各水道関係団体と連携して**水道施設・管路耐震性改善運動**(第一期平成20・21年度,第二期平成22・23年度)を展開し,平成24年度には**水道耐震化推進プロジェクト**を設立し,水道施設耐震化に関する広報活動を行った。

　また,「平成25年度管路の耐震化に関する検討会」において,東日本大震災における管路の被害状況分析を行い,平成27 (2015) 年6月,**水道の耐震化計画等策定指針**の改定版を作成した。

　水道は,水源から取水して浄水処理を行った水を給水区域に広く給水するため,浄水場や配水池のほか,長い管路を有している。これらの施設や管路が地

震により被害を受けると，水を各家庭まで配水することができなくなり断水などの被害が生じる。水道施設全体を施設更新に合わせて耐震性を有したものに換えていくため，厚生労働省は『水道施設の技術的基準を定める省令』の一部を改正（平成 20（2008）年 10 月 1 日施行）したほか，各水道事業者に対して既存施設についてその重要度や優先度を考慮して計画的に耐震化に取り組むよう助言，指導を行っている[123]。

16.2.2　水道の水質汚染対策

〔1〕　水道の水質管理

平成 28 年度に水質汚染事故により被害を受けた水道事業者などの数は延べ数で 133 であった。水道の事業形態別では上水道事業が 75，簡易水道事業は 16，専用水道は 18，水道用水供給事業は 24 であった。また，水源別の発生状況は，全 87 水源のうち表流水が 67 水源で最も多い。発生した事故件数は 133 件のうち，原因物質別では油類が 61 件と最も件数が多い（**図 16.3**）[124]。

近年の異臭味などによる水道の被害発生状況を図 **16.4** に示す。湖沼の富栄養化などの水源水質の悪化により，カビ臭などの異臭味による被害を受けた人口（異臭味被害人口）は，平成 2 年度のピーク時に 2 000 万人を超えていたが，高度処理技術の導入などにより改善し，平成 19 年度以降は，300 万人以下となっている。平成 28 年度の異臭味被害人口は約 86 万人，異臭味被害を受けた水道事業者数は 135 である[124]。

水道事業者は，自然災害，水質事故，テロなどの非常事態においても，基幹的な水道施設の安全性の確保や重要施設などへの給水の確保が求められる。さらに，被災後の速やかな復旧も求められる。このため，厚生労働省は，水道の危機管理対策指針策定調査を実施し，平成 19 年 2 月に報告書を取りまとめた。その中で，**危機管理対策マニュアル策定指針**および**災害時相互応援協定策定マニュアル**を示した。水質事故については**水質汚染事故対策マニュアル策定指針**が作成されている[125]。

16章 水　　　　道

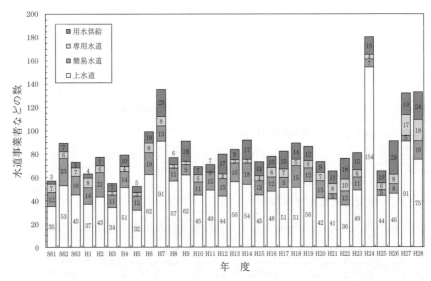

図 16.3 水質汚染事故により被害を受けた水道事業者などの数の経年変化
（出典：厚生労働省：水質汚染事故による水道の被害及び水道の異臭味被害状況について[124]）

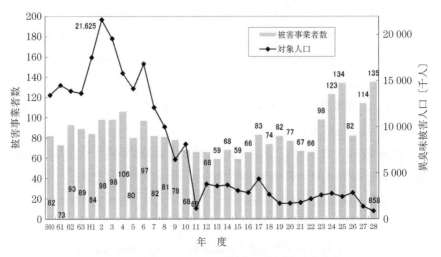

図 16.4 水道における異臭味被害の発生状況経年変化
（出典：厚生労働省：水質汚染事故による水道の被害及び水道の異臭味被害状況について[124]）

16.2 水道の安全対策

水質汚染事故対策マニュアル策定指針は，中小規模の水道事業体の中で，水質汚染事故対策マニュアルを作成済みであっても実働マニュアルとしては不完全である事業体や，あるいはマニュアルを作成していない事業体を対象に，水質汚染事故発生時の応急対策活動が迅速，的確に実施できる実働的なマニュアルを効率的に策定できるよう構成したものである[126]。

また，水道事業者は危機管理対策マニュアルに基づいた訓練を定期的に実施し，適宜，同マニュアルの内容を点検，検証し，必要に応じ改訂するよう求められている[127]。

一方，WHO（世界保健機関）では，食品製造分野で確立されている**HACCP**（hazard analysis and critical control point）の考え方を導入し，水源から給水栓に至る各段階で危害評価と危害管理を行い，安全な水の供給を確実にする水道システムを構築する**水安全計画**（water safety plan，WSP）を提唱している[128]。厚生労働省は，この「水安全計画」の策定を推奨しており，平成20年5月に「水安全計画策定ガイドライン」を策定し，水安全計画策定またはこれに準じた危害管理の徹底について周知している。平成29年3月末時点における策定率は，策定中を含めて全体で19％であり，このほかに3年以内に着手予定の事業者が57％である[129]。

〔2〕 水道水源の水質保全対策

水道の水源としての公共用水域の水質保全が重要な課題であり，河川，湖沼などの水質を保全するため，水質汚濁に係る環境基準の設定，工場や事業場からの排水の規制，生活排水処理施設の整備，河川などにおける浄化などさまざまな対策が実施されている。環境基準については，人の健康の保護に関する環境基準と生活環境の保全に関する環境基準がある。

水質汚濁防止法に基づいて，工場や事業場からの排水を規制するとともに，下水道や浄化槽など各種汚水処理施設による生活排水対策を推進することにより水質汚濁の防止を図っている。さらに，水質汚濁防止法の規制のみでは水質保全が十分でない湖沼については，湖沼水質保全特別措置法に基づいて水質保全対策を行っている。

168 　　　　　　　16 章　水　　　　　道

　地下水の水質保全については，水質汚濁防止法により工場や事業場からの有害物質を含む汚水等の地下浸透が禁止されている。また，都道府県知事は汚染原因者に対して汚染された地下水の水質浄化のための措置を命ずることができる。

　河川からの取水にあたっては，河川の流水の正常な機能の維持に支障を及ぼさないことが基本とされている。正常流量は，舟運，漁業，観光，流水の清潔の保持，塩害の防止，河口の閉塞の防止，河川管理施設の保護，地下水位の維持，景観，動植物の生息地または生育地の状況などを総合的に考慮し維持するべき流量（以下，「維持流量」という）と水利流量の双方を満足する流量として定められる。

　渇水時の河川流量の減少は，魚類などの生息域を狭めたり水質の悪化を招いたりするなど，河川環境へ悪影響を与える。河川管理施設である多目的ダムなどの多くは，河川の流水の正常な機能を維持するための容量を持ち，渇水時に必要な流量の補給を行っている。

　ダムなどの水資源開発施設は自然が豊かな環境につくられることが多く，大規模なものが多い。また，循環している流水を人為的に貯留するものであることなどから，自然環境に及ぼす影響を軽減するため，施設の建設及び管理にあたってさまざまな環境保全対策を実施している[130]。

　公共用水域における水質事故は増加傾向にあり，河川における有害物質の流出による水質の汚染などの水質事故災害に関する対策として，平常時より河川の巡視，河川水質の監視など強化を図ることはもとより，河川，海岸，道路，その他の公共施設の維持管理を強化するとともに，防除活動に必要な資機材などの整備や円滑な情報伝達に資する機材の整備など，災害対策に万全を期すこととしている[131]。

　水道事業体は，水質汚染事故発生時において緊急措置，応急給水，応急復旧などの活動を計画的かつ効率的に実施することが求められることから，各水道事業体が規模・地域の特性に応じた適正なマニュアルを事前に作成しておく必要がある[126]。

17 電力

本章では，電力供給の経緯と現状を述べるとともに，電力の安全対策について，地震・津波，集中豪雨・暴風雨などの対策に関する現状と課題を解説する。

17.1 電力供給の歴史的経緯と電力需給の現状

17.1.1 電力供給の歴史的経緯

電気の歴史は新しく，日本で最初に電灯がついたのは，東京虎ノ門工部大学校（東京大学工学部の前身）で，初めてアーク灯が点灯したのが明治11（1878）年3月25日のことであり，これが電気の日の由来になっている。明治19（1886）年には初めての電気事業者として東京電灯会社（東京電力の前身）が開業し，明治20（1887）年，名古屋電灯，神戸電灯，京都電灯，大阪電灯が相次いで設立された。その後，日本各地で中小の電力会社の設立が相次ぎ，明治44（1911）年，現在の電気法規のもととなった『電気事業法』が公布された[132]。

1920年代には電力過剰となり，大正12（1923）年の関東大震災を経て，電力会社の再編が進み，東京電燈，東邦電力，大同電力，宇治川電気，日本電力の五大電力会社にほぼ収斂していった。昭和14（1939）年，戦時国家体制（『国家総動員法』）となり民間の電気事業者の設備をまとめて特殊法人である日本発送電株式会社が設立され，昭和17（1942）年には配電統制令に基づき電力会社は九つの配電会社（北海道，東北，北陸，関東，中部，関西，中国，四国，九州）に統合された[133]。

戦後，GHQにより日本発送電の独占状態が問題とされて電気事業が再編さ

れ，昭和 26（1951）年に 9 電力会社が発足した。そして，昭和 27（1952）年には『電源開発促進法』に基づき電源開発株式会社が発足した[134]。昭和 30（1955）年には，原子力 3 法（『原子力基本法』，『原子力委員会設置法』，『総理府設置法』一部改正（原子力局の設置））が公布され，昭和 31（1956）年に施行された[135]。

戦後の電気事業再編成以降，『電気に関する臨時措置に関する法律』（昭和 27（1952）年制定）により，暫定的に電気事業法制が規定されていたが，国民経済の正常化とともに電気事業が安定してきたことを受け，公益事業たる電気事業の基本法として昭和 39（1964）年に『電気事業法』が制定された[136]。

昭和 47（1972）年の沖縄復帰に伴い，『沖縄振興開発特別措置法』に基づき，琉球電力公社の業務を引き継いで政府および沖縄県の出資する特殊法人として沖縄電力が設立された[137]。

電力需要の増大に伴う電力需給の逼迫や，電力供給コストにおける内外価格差が問題視されたことなどにより，世界的な規制緩和の流れを受けて，平成 7（1995）年に電気事業法が大幅に改正された。以下の 3 点がおもな改正内容である。

① 発電部門への競争原理の導入（卸電気事業の参入許可の撤廃，電源調達入札制度の導入）

② 特定の供給地点における電力小売事業の制度化（特定電気事業制度）

③ 料金規制の見直し（選択約款の導入）

これにより，電力会社に卸電力を供給する独立発電事業者の参入が可能になり，また大型ビル群など特定の地点を対象とした小売供給が特定電気事業者に認められたことから，異業種からの電気事業への参入が相次いだ。

平成 12（2000）年に電気事業法がさらに改正され，電力小売部門の一部自由化などが導入された。平成 15（2003）年にも改正され，電力会社の送配電ネット運用の公平性・透明性の確保などが図られ，平成 17 年度から施行された[138]。

平成 25（2013）年 4 月に『電力システム改革に関する改革方針』が閣議決

定され，① 広域系統運用の拡大，② 小売および発電の全面自由化，③ 法的分離の方式による送配電部門の中立性のいっそうの確保という 3 段階からなる改革の全体像が示され，平成 28（2016）年 4 月 1 日からの電力の小売り全面自由化に向けて，電気事業法改正案が，平成 25 年 11 月，平成 26 年 6 月，平成 27 年 6 月の 3 回にわたって改正された。これにより，電気事業者は小売電気事業者，一般送配電事業者，送電事業者，特定送配電事業者および発電事業者となった。旧一般電気事業者である 10 電力会社は，平成 28（2016）年 4 月 1 日に持株会社体制へ移行した東京電力を除き，小売電気事業，一般送配電事業，発電事業の 3 事業を兼営する小売電気事業者，一般送配電事業者，発電事業者である。東京電力は，持株会社・東京電力ホールディングスの三つの子会社が，それぞれ小売電気事業，一般送配電事業，燃料・火力発電事業を承継している[139]。

17.1.2 電力需給の現状

電力消費の増加は，長期的に民生用消費によって強くけん引されてきた。2015 年度には，民生部門の需要が自家発分を含む電力最終消費の 65 ％を占めるに至った。これは，家庭部門ではエアコンや電気カーペットなど冷暖房用途や他の家電機器が急速に普及したことなどによるものであり，業務他部門では事務所ビルの増加やオフィスビルにおける OA 機器の普及などによるものである。

発電設備容量の推移は，**図 17.1**（a）に示すとおりである。1973 年の第一次石油ショックを契機として，石油代替電源の開発が進められ，電源の多様化が進んだ。原子力発電については，東日本大震災の影響により停止が続いていたが，平成 27（2015）年 8 月から九州電力川内原子力発電所が運転を再開し，順次再稼働が進んでいる。2015 年度末の発電設備容量の電源構成は，原子力 16.2 ％となった。また，発受電電力量で見ると，図（b）のように 2015 年度末の電源構成は，LNG 火力 44.0 ％，石炭火力 31.6 ％，石油など火力 9.0 ％，水力 9.7 ％，新エネルギーなど 4.7 ％，原子力 1.1 ％となった。

17章 電　　　力

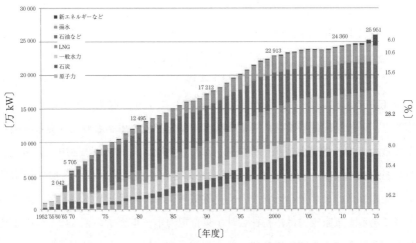

（a）　発電設備容量の推移（一般電気事業用）

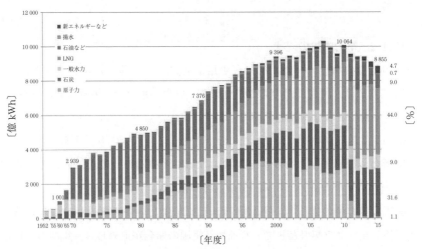

（b）　発受電電力量の推移（一般電気事業用）

（注）1971年度までは沖縄電力を除く。

図 17.1　発電設備容量と発受電電力量の推移（一般電気事業用）
（出典：経済産業省資源エネルギー庁ホームページ：平成28年度エネルギーに関する年次報告（エネルギー白書2017）＞第2部 エネルギー動向／第1章 国内エネルギー動向／第4節 二次エネルギーの動向[140]）

17.2 電力の安全対策

電力設備の障害ないしは供給支障の要因となった設備事故（配電線事故は除く）は，自然現象による事故が半数以上を占めている。自然現象による事故原因は，設備によって異なり，水力設備は水害，火力設備は地震，変電所は水害と地震，送電線は雷，配電線は風雨と雷が主要な要因となっている[141]。

わが国の電力供給の信頼性は図 17.2 に示すように向上しており，世界の中でも非常に高い供給信頼度となっている。停電はさまざまな原因によって起きるが，大規模な自然災害による影響は大きい。平成 3 (1991) 年 9 月の台風 19 号の発生，平成 16 (2004) 年に観測史上最多の 10 個の台風が上陸したことが大きく影響したほか，平成 23 (2011) 年の東日本大震災は需要家当りの停電回数年間 0.94 回，停電時間 514 分という甚大な影響を及ぼした。自然災害に

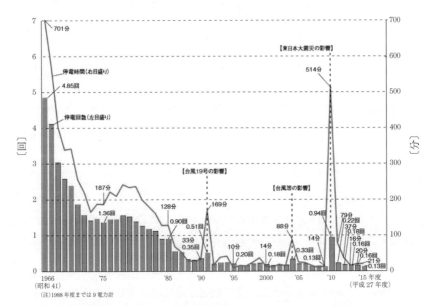

図 17.2　需要家当りの年間停電回数と停電時間の推移（10 電力計）
（出典：電気事業連合会：電気事業のデータベース（INFOBASE），
b-電力設備，b-16 停電時間と停電回数[142]）

174　　　　　　　　　　17章　電　　　　　力

よる停電は，いったん生じると大きな割合を占めるようになっている[143]。電力供給における災害対応は，災害に強い設備とすること，被災時の影響を軽減すること，そして迅速な復旧を可能にすることが基本である[144]。

17.2.1　電気設備などに影響を及ぼす自然災害

〔1〕　地震と津波

平成7（1995）年の兵庫県南部地震（阪神・淡路大震災）を受け，経済産業省資源エネルギー庁は電気設備防災対策検討会を設置し，各電気設備の耐震性区分と確保すべき耐震性を検討し，**表17.1**のとおり整理した[145]。

表17.1　各電気設備の耐震性区分と確保すべき耐震性

	対象設備	確保すべき耐震性
耐震性区分 I	いったん機能喪失した場合に人命に重大な影響を与える可能性のある設備（ダム，LNGタンク（地上式，地下式），油タンク）	○ 一般的な地震動に際し個々の設備ごとに機能に重大な支障が生じないこと ○ 高レベルの地震動に際しても人命に重大な影響を与えないこと
耐震性区分 II	耐震性区分 I 以外の電気設備（水路など，水タンク，発電所建屋・煙突，ボイラーおよび付属設備，護岸，取放水設備，変電設備，架空・地中送電設備，架空・地中配電設備，給電所，電力保安通信設備）	○ 一般的な地震動に際し個々の設備ごとに機能に重大な支障が生じないこと ○ 高レベルの地震動に際しても著しい（長期的かつ広域的）供給支障が生じないよう，代替性の確保，多重化などにより総合的にシステムの機能が確保されること

平成7（1995）年の阪神・淡路大震災および平成23（2011）年の東日本大震災では，人命に影響を与える被害は発生しておらず，総合的にシステムの機能は確保された。一方で，中央防災会議は「南海トラフ巨大地震対策検討ワーキンググループ報告書」（平成25（2013）年5月終報告。以下「南海トラフ巨大地震報告書」という）を公表し，その被害想定では，東日本大震災よりも広範囲に震度7や震度6強の強震動が分布するとされている。また，中央防災会議は「首都直下地震対策検討ワーキンググループ報告書」（平成25（2013）年12月終報告。以下「首都直下地震報告書」という）を発表し，首都直下地震では

17.2 電力の安全対策　175

電気火災を含む被災が生じると予想している[146]。

　津波に関しては，中央防災会議の「東北地方太平洋沖地震を教訓とした地震・津波対策に関する専門調査会（平成 23（2011）年 4 月 27 日設置）」が，同年 9 月 28 日，**表 17.2** のとおり対応の基本的考え方を報告した[145]。

表 17.2　津波への対応の基本的な考え方

頻度の高い津波（供用期間中に 1〜2 度程度発生する津波）
頻度の高い津波に対する対策は，引き続き，海岸保全施設などの整備を進める。
最大クラスの津波（発生がきわめて稀である最大クラスの津波）
住民の避難を軸に，土地利用，避難施設，防災施設などを組み合わせて，ソフトおよびハードの取り得る手段を尽くした総合的な津波対策を確立することを基本とする。

　この考え方を踏まえ，電気設備の津波への対応は，**表 17.3** のとおりとすることを基本としている。

表 17.3　電気設備の津波への対応

頻度の高い津波（供用期間中に 1〜2 度程度発生する津波）
需要地（市街地など）への津波の浸水は，海岸保全設備などにより防がれることが期待される。ただし，いったん機能喪失した場合，人命に重大な影響を与える可能性のある設備については，個々の設備ごとに機能に重大な支障が生じないよう対策を施すことが基本。
最大クラスの津波（発生がきわめて稀である最大クラスの津波）
このクラスの津波については，被害を防ぐような設備とすることは，費用の観点から現実的ではない。今回の津波被害や復旧の実績を踏まえ，設備の被害が電力の供給に与える影響の程度を考慮し，可能な範囲で被害を減じ，あるいは復旧を容易とするような津波の影響の軽減対策が基本。

　2011 年東日本大震災では，津波によりがれきなどの流入による設備損壊が生じ，復旧にあたって，がれき類の撤去，排水作業などに時間を要した[145]。

　南海トラフ巨大地震報告書では，東日本大震災よりも広範囲に最大クラスの津波高および津波浸水被害が想定され，電力に関する被害も想定された。また，需給バランスが不安定になることを主要因として広域的に大規模な停電が発生するとされ，その後，停電は電力供給の切替調整などにより徐々に解消されていくが，全体の 95 ％が復旧するのに約 1〜2 週間を要するとされた。火力発電所については，地震直後は，震度 6 弱以上の地域にある施設や津波によ

る浸水深数十 cm 以上となる施設が運転を停止し、復旧におおむね 1 か月を要するとされた。

首都直下地震報告書における被害想定では、おおむね震度 6 弱以上の地域の火力発電所が運転停止することにより、夏場ピーク時の需要に対して供給力が 5 割程度に低下し、電力供給が不安定化になるとされた。

さらに、首都直下地震報告書の被害想定において、地震に伴う火災による焼失が木造住宅密集地域を中心に最大約 43 万棟、また火災による死者が最大 1 万 6 000 人にのぼるとされ、このうちの過半が電気に起因する電気火災とされている。電気火災の発生防止対策も重要な課題である[147]。

〔2〕 集中豪雨、暴風など

近年、わが国では集中豪雨が増加傾向にあり、こうした集中豪雨およびそれに付随する山岳の地すべりなどにより、水力発電設備や送電設備に多くの被害をもたらしている。過酷な集中豪雨などが発生した場合に電気設備などへの影響の可能性が否定できないことから、① 洪水流入、大規模地すべり、地震などによるダムの耐性、② 水力発電設備の集中豪雨対策および洪水など緊急時における下流域への連絡のあり方、③ 山岳の地すべりなどに対する送電鉄塔の耐性および保全体制などのあり方などが課題である。

また、毎年一定程度の数の竜巻が海岸部および平野部において発生している。近年、わが国で確認されている最大の竜巻は、平成 24（2012）年 5 月の茨城県つくば市などで発生したものであり、鉄塔が倒壊することはなかったが送電線の断線が生じた。台風についても、「強い」（風速 70 ～ 92 m/s（約 5 s 平均））以上の台風が毎年一定程度発生しており、平成 14（2002）年には台風 21 号により鉄塔倒壊が起きた。過酷な暴風（竜巻、台風など）が発生した場合に基幹送電設備などの被害により長期的かつ広域的な供給支障が生じないよう、代替性や多重化などによる総合的なシステム機能を確保するための対策が必要である[148]。

17.2.2 東西の周波数変換設備や地域間連系線の強化

平成 23（2011）年の東日本大震災により，大規模電源が被災する一方で，東西の周波数変換設備や地域間連系線の容量に制約があり，また，広域的な系統運用が十分にできなかったことなどから，必要な電力を供給することができず，国民生活に多大な影響を与えた。

このような事態を踏まえ，電力広域的運営推進機関[†]が中心となって対策を推進しており，東西の周波数変換設備については，まず 2020 年度を目標に現在の 120 万 kW から 210 万 kW まで増強し，さらに 2020 年代後半を目途になるべく早期に 300 万 kW まで増強するとする広域系統整備計画が平成 28（2016）年 6 月に策定された。また，地域間連系線については，北海道本州間連系設備を 2019 年度までに現在の 60 万 kW から 90 万 kW まで増強するべく 2014 年度に工事が着手され，東北東京間連系線についても 2021 年度以降の運用容量（573 万 kW）を 455 万 kW 増強する広域系統整備計画が 2017 年 2 月に策定された[149]。

---

† 平成 11（1999）年改正の電気事業法に基づき，電源の広域的な活用に必要な送配電網の整備を進め，全国規模で平常時・緊急時の需給調整機能を強化することを目的に設立された団体であり，日本のすべての電気事業者が機関の会員となることが義務付けられている。

18
石油・ガス

　本章では，石油・ガス供給の経緯と現状を述べるとともに，石油・ガス供給
の災害リスクなどへの対応について，地震対策などに関する現状と課題を解説
する。

18.1　石油・ガス供給の歴史的経緯と現状

18.1.1　石油・ガス供給の歴史的経緯

　明治時代の近代化した日本のエネルギーの中心となったのは，国内産の石炭
であり，石炭からガスもつくられ，火力や動力として利用が広がった。一方，
石油も，灯りに用いるエネルギーとして利用されるようになり，自動車の動力
としての利用も広まりはじめた。明治時代は新潟県を中心とした日本海側で石
油が盛んに採掘・販売されており，アメリカからの輸入原油と共に流通してい
た。しかし，国産の石油はしだいに生産量を減らし，国内の石油産業は輸入し
た原油の精製や販売を中心としたものになっていった[150]。

　ガスの製造は，明治5（1872）年に横浜にガス製造所がつくられ，ガス灯の
照明を行ったことに始まる。明治7（1874）年に神戸瓦斯（昭和20（1945）年
4月大阪ガスに合併），明治9（1876）年には東京府瓦斯局が設立され，明治
18（1885）年に東京府からの払下げにより東京瓦斯会社となった。明治30
（1897）年には大阪瓦斯が設立された。その後，ガス事業は急速に伸び，大正
4（1915）年にはガス会社が91社となった[151],[152]。

　昭和9（1934）年，日本政府はエネルギーの確保を重視して『石油業法』を
制定し，有事に備えた石油の貯蔵を各石油会社に義務付けたり，大量買付けや
備蓄を行うための会社を設立したり，事業者や家庭の石油を配給制にしたり

18.1 石油・ガス供給の歴史的経緯と現状 179

と，石油の生産・輸入・消費をコントロールしようとした。しかし昭和16（1941）年にはアメリカから日本への石油輸出が禁じられ，その後，イギリス，オランダからの石油も全面的に禁輸となった。こうした動きが，同年12月に太平洋戦争が起こる一因になったといわれている。

戦後，石油の需要が増大し，昭和36（1961）年以降，一次エネルギー総供給に占めるシェアは石油が石炭を上回るようになった。また，昭和44（1969）年にはLNGガスの輸入も始まり，天然ガスが広く利用されるようになるとともに，一次エネルギーの輸入依存度はますます高まることとなった[151),153)]。

『ガス事業法』は，昭和29（1954）年に制定された。需要増加に伴いガス会社も増加し，最盛期の昭和51（1976）年には255社を数える都市ガス会社があったといわれている。簡易ガス事業は，昭和45（1970）年に改正・施行されたガス事業法改正によって創設され，液化石油ガス（LPガス）を輸送して供給するLPガス販売事業は，ガス事業法ではなく，1967年の『液石法』（液化石油ガスの保安の確保及び取引の適正化に関する法律）に位置付けられた[151)]。

二度にわたって起きた**オイルショック**（第一次：昭和48（1973）年10月〜昭和49（1974）年8月，第二次：昭和53（1978）年10月〜昭和57（1982）年4月）を経て，わが国はエネルギーの安定供給のための抜本的な対策が迫られることになった。昭和48（1973）年には，石油の大幅な供給不足が起きた場合に需給の適正化を図るため『石油需給適正化法』が制定され，昭和50（1975）年には，緊急の事態が起きた際にも石油を供給できるよう『石油備蓄法』（石油の備蓄の確保等に関する法律）が制定された[150)]。

ガス事業法は，平成7（1995）年以降，数次にわたる制度改革を経て，小売りの部分自由化などの規制緩和が進められ，平成29（2017）年4月にはガスの小売が全面自由化された[151),154)]。

平成23（2011）年の東日本大震災では，国内のエネルギー供給網に潜むリスクが明らかになった。地震や津波により，被災地の石油供給拠点やガスの製造・供給設備が破損し，一部機能停止に陥った。全国では，福島第一原子力発

電所の事故をきっかけとして全国の原子力発電所が停止し，急激な電力不足が起こり，全国的に**計画停電**が必要となった．

平成28（2016）年の熊本地震の経験なども踏まえて，大規模災害が起きても安定的なエネルギー供給を実現できるよう，各拠点の災害対応能力の強化，エネルギー供給網全体を通じた事業継続計画策定とその評価などの取組みが求められる[150]．

18.1.2 石油・ガス供給の現状
〔1〕石　　油

製油所で生産された石油製品は，図18.1に示すように製油所から直接または中継基地である油槽所を経由して販売拠点であるSS（サービスステーショ

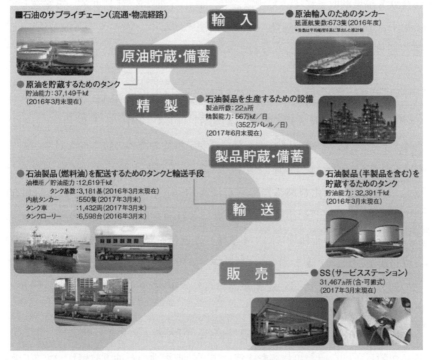

図18.1 石油のサプライチェーン（流通・物流経路）
（出典：石油連盟：統計情報，今日の石油産業データ集，今日の石油産業2017[155]）

ン）や需要家に輸送される。輸送手段は，届け先の立地，取扱量，輸送距離などによって，内航タンカー・鉄道（タンク車）・タンクローリーなどが利用される。そのほか，東京湾内の千葉港と成田空港間ではパイプラインにより航空燃料の供給が行われている[155]。

現在，わが国には，22 の製油所が稼働中であり，原油処理能力は，過去10年のピークであった平成20（2008）年4月初時点（28製油所・約489万バレル/日）に対して，平成29（2017）年6月末現在は351万8 800 バレル/日である（図 18.2）。

図 18.2　製油所の所在地と原油処理能力（平成29年6月現在）
（出典：石油連盟：統計情報，今日の石油産業データ集，今日の石油産業 2017[156]）

製油所で精製されたガソリン，灯油，軽油，重油，LPガス，石油化学用ナフサなどは，製油所から出荷されてから，石油製品タンカーやタンクローリーなどにより，油槽所を経て，あるいは直接，SSや最終需要家に届けられる。このほか，輸入された石油製品も流通する。ガソリンの流通については，元売りから系列特約店および系列販売店に対して特約店契約に基づいて元売りのブランドマークを掲げた系列SSで販売するために供給されるガソリン（系列玉

という）と，系列玉以外の経路によって流通するガソリン（業転（業者間転売）玉という）に分類される[157]。

全国の SS 数は平成 6 年度末をピークに減少傾向で推移しており，平成 28 年度末時点で 3 万 1 467 か所と平成 6 年度の 52 ％となった。平成 28 年度末には，市町村内の SS 数が 3 か所以下の **SS 過疎地**は 302 市町村に及んでいる。また，最寄の SS までの道路距離が 15 km 以上の住民が所在する自治体も 302 市町村にのぼり，うち 53 町村は SS 過疎市町村と重複している。このような状況は，消費者の利便性の問題だけでなく，災害時の地域住民への燃料供給が不安定化するなどの深刻な事態を招くおそれがある[158]。

〔2〕 ガ　ス

ガスを家庭や産業の一般的な需要に応じて供給する事業には，おもにガス事業法（昭和 29（1954）年）の対象となる一般ガス事業と簡易ガス事業，そして液石法（昭和 42（1967）年）の対象となる LP ガス販売事業がある。販売比率は，販売量を熱量ベースで換算して算出すると，一般ガス事業 65.0 ％，簡易ガス事業 0.7 ％，LP ガス販売事業 34.3 ％である（2013 年 3 月現在）[159]。

一般ガス事業は，ガス事業法に基づく許可を受けた一般ガス事業者が供給区域を設定して供給区域内の利用者に対して導管によりガス（おもに天然ガス）を供給する事業であり，いわゆる都市ガスである。一般ガス事業者の数は，戦後，人口増加と都市化に伴い急速に増加し，1976 年にも最も多く 255 となった。その後，市町村合併などによる公営事業の統合などのために減少し，平成 25（2013）年 10 月現在，209 事業者（うち公営 28 事業者）である。需要家数は，天然ガスの導入により高圧導管で供給が行えるようになったこともあり，昭和 55（1980）年の約 1 700 万件から 2012 年には約 2 900 万件に増加し，需要量については同期間で 3.5 倍に増加した。需要の増加に応じて導管延長も 2011 年には 25 万 km に達している[160]。

簡易ガス事業は，ガス事業法の昭和 45（1970）年の改正・施行により創設された。都市周辺部で急増した住宅団地に LP ガスを導管で供給する**導管供給方式**が各地で採用されるようになり，こうした状況を受けて 70 戸以上の団地

に対する導管供給事業を，公益事業としてガス事業法の対象とした。簡易ガス事業者の数は 1 452（うち公営 8 事業者）であり，需要家数は約 140 万件である。事業者数，需要家数ともに近年は減少傾向である[161]。

LP ガス販売事業は，石油製品の元売り事業者などがタンクローリーで充填所へ輸送した液化石油ガス（LP ガス）を充填所から需要家に対しシリンダーなどにより輸送，供給を行う事業者である。導管により供給する場合でも需要家数が 70 戸未満の場合は簡易ガス事業ではなく LP ガス販売事業である[162]。平成 25（2013）年 3 月末現在，事業者数は 2 万 1 052 であり，需要家数は約 2 400 万件である[163]。

18.2　エネルギーの災害リスクなどへの対応

18.2.1　石油・LP ガスの供給網の対策

石油・LP ガスについては，平成 23（2011）年の東日本大震災や，平成 28（2016）年の熊本地震を教訓として，経済産業省資源エネルギー庁が主導して，供給を早期に回復させるためのハードおよびソフト両面のさまざまな対策が進められている。

ハード面では，製油所等への非常用発電機などの導入，SS への地下タンクの入替え，大型化などの支援，経営安定化に資するベーパー（ガソリン蒸気）回収型設備等の省エネ型機器の導入などについて支援が行われている。2012年度より拡充されてきた国家石油製品備蓄については，ガソリン，灯油，軽油，A 重油について全国石油需要の 4 日分の量を蔵置し，さらに 2014 年度以降は，石油備蓄法に基づく災害時石油供給連携計画を策定する単位である全国 10 ブロックごとに 4 日分の備蓄が蔵置されるよう貯蔵設備の増強が行われている。そのほか，製油所などにおける石油製品の入出荷設備の耐震強化，液状化対策，桟橋などの増強に対する支援が行われている。また，地震時に SS が停電などにより稼働停止することが多いことから，災害時に地域住民向け供給拠点となる自家発電機を備えた住民拠点 SS を 2019 年度頃までに全国に約 8 000 か所整備する方針が固められた。

ソフト面の対策としては，災害時石油供給連携計画の円滑な実行に向けて，国，地方自治体，石油業界が連携して机上訓練と実動訓練を実施しているほか，緊急時燃料供給にかかわる訓練を全国の各地域において，自衛隊，地方経済産業局，地方整備局，地方自治体などが連携して訓練を実施している。SSにおいては，SSの災害対応能力を強化するため，中核SSなどにおいて緊急車両などへの優先給油や小型タンクローリーによる重要施設への燃料配送などのオペレーション訓練や研修会を，自衛隊とも連携して自治体主催で合同で行っている。今後，これらの訓練を住民拠点SSに拡大することとしている。LPガスについては，災害時石油ガス供給連携計画に基づく訓練を実施している[149]。

18.2.2　都市ガスの対策

都市ガス事業者の地震対策としては，第一に，設備対策として，地震に備える事前対策として，地震に強いガス管を積極的に導入・促進している。特に，強度と延性（伸びやすさ）により，力が加わってもガス漏れが発生しにくいポリエチレン管（PE管）の導入・促進に努めており，この10年間でPE管の累積延長は約2倍に増加した。

第二に，緊急対策としては，二次災害防止のため，大規模な地震が発生すると，被害の大きい地域ではバルブなどを閉じてガスの供給を停止することとしている。各ブロックには地震計を設置し，すぐ遮断できるようブロック間のバルブ（ブロックバルブ）を遠隔操作化するなど，地震発生後すぐにガスの供給を停止できるようにしている。また，利用者宅では，震度5相当以上の強い揺れを感知すると家屋内へのガス供給を自動的に停止することとしている。

第三に，復旧対策としては，大規模な災害発生時に全国のガス事業者が相互に支援する体制を敷き，業界を上げてガス供給の早期再開に努めることとしている[164]。

19

情 報 通 信

　本章では，情報インフラ整備の現状を述べるとともに，災害時の情報インフラの活用のあり方について，情報インフラの強靱化対策を含めて課題を解説する。

19.1　情報インフラ整備の現状

19.1.1　電気通信事業の現状

　2015 年度の電気通信事業の売上高は，14 兆 342 億円にのぼり，固定通信 29.5 ％に対し移動通信が 54.5 ％を占めている[165]。電気通信サービスの契約数の推移を見ると，固定電話契約数は平成 24（2012）年 9 月に固定系ブロードバンドに逆転され，平成 9（1997）年 11 月のピーク時（6 322 万契約）の約 4 割に減少（2 567 万契約）し，移動電話の契約数は平成 12（2000）年 11 月に固定電話契約数を抜き，15 年間で約 3 倍に増加（15 859 万件）している[166]。

　平成 28（2016）年の世帯における情報通信機器の普及状況を見ると，**モバイル端末全体**および**パソコン**の世帯普及率は，それぞれ 94.7 ％，73.0 ％であり，モバイル端末全体に含まれる**スマートフォン**は 71.8 ％であり，パソコンの普及率との差はわずか 1.2 ポイントと接近した（**図 19.1**）。

　平成 28（2016）年のインターネット利用者数は，1 億 84 万人，人口普及率は 83.5 ％に達した。また，端末別インターネット利用状況は，パソコンが 58.6 ％と最も高く，スマートフォンが 57.9 ％，タブレット型端末が 23.6 ％である。個人のインターネット利用率を 10 歳ごとの年齢階層別を見ると，13 〜 59 歳までは各階層で 9 割を超えているほか，6 〜 12 歳の利用が 82.6 ％と前年から 7.8 ポイントと大幅に上昇した。また，所属世帯年収別の利用率は，年収

19章 情報通信

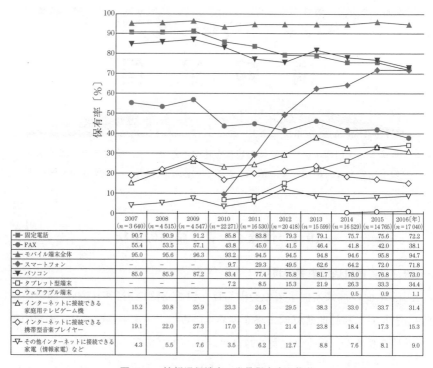

図 19.1　情報通信端末の世帯保有率の推移
（出典：総務省ホームページ：情報通信白書平成29年版，第2部 第2節1
インターネットの利用動向（1）情報通信機器の普及状況[167]）

400万円以上で約9割となっている[168]。

19.1.2　放送サービスの変遷と現状

ラジオ放送が大正14（1925）年3月に中波放送として開始されたのが，わが国最初の放送メディアである．中波放送とは，526.5 kHz から 1606.5 kHz までの周波数を使用して音声などの音響を送る AM 放送である（『放送法』第2条，『電波法』施行規則第2条）．3 MHz から 30 MHz までの周波数を使用するのが短波放送であり（電波法施行規則第2条），短波放送は国内放送が昭和29（1954）年に民間放送で開始されて以来，民間放送事業者1社により放送が行われている．30 MHz 以上の周波数を使用するのが超短波（FM）放送であ

19.1 情報インフラ整備の現状

り（放送法第2条，電波法施行規則第2条），わが国では昭和32（1957）年にモノラル放送が，昭和38（1963）年にステレオ放送が開始された。平成27（2015）年から一部のAM放送事業者が災害対策および難聴対策として，FMによる補完放送を開始している。

また，市町村等の一部の地域において，コミュニティ，行政，福祉医療および地域経済産業情報などの地域に密着した情報を提供する放送として，平成4（1992）年にコミュニティ放送が制度化された。FM放送用の電波が用いられるので，FMラジオやカーステレオで受信することができる。非常災害時における住民への情報提供ツールとして重要性が高まっている[169]。

テレビジョン放送は，放送法第2条において「静止し，又は移動する事物の瞬間的影像及びこれに伴う音声その他の音響を送る放送（文字，図形その他の影像（音声その他の音響を伴うものを含む。）又は信号を併せ送るものを含む。）をいう」と定義されている。昭和28（1953）年2月にNHK，同年8月に初の民間放送として日本テレビ放送網がそれぞれ本放送を開始した。その後の技術革新に伴って，昭和35（1960）年にはカラーテレビ放送が開始され，昭和57（1982）年に音声多重放送，昭和60（1985）年に文字多重放送が開始された。昭61（1986）年には放送衛星（BS）からの電波を各家庭で直接受信する衛星放送が始まり，通信用として打ち上げられた通信衛星（CS）を利用したテレビジョン放送も平成4（1992）年に開始された。

さらに，デジタル技術の発展に伴って，衛星放送がデジタル化され，平成15（2003）年12月からは地上デジタル放送が開始された。すべてのアナログのテレビジョン放送は，デジタル放送に切り替えることとされ，平成23（2011）年7月に従来のアナログ放送は終了した（岩手県，宮城県および福島県については平成24年3月に終了）。デジタル放送では，映像信号の圧縮技術によって，アナログ放送1チャンネル分の周波数帯域でデジタルハイビジョン放送を（標準画質であれば三つの番組を同時に）送ることができるので，周波数の有効利用が可能になる。地上アナログテレビジョン放送の終了によって空いた周波数帯は，携帯端末向けマルチメディア放送，携帯電話，高度道路交通システ

ム（ITS）などに活用される[170]。

　地上アナログテレビジョン放送終了後の VHF の低域の周波数帯を利用した地上マルチメディア放送は，専用受信機，スマートフォン用 Wi-Fi チューナー，車載用チューナー，チューナー内蔵型防災ラジオなど多様な受信形態に対応するものであり，リアルタイム型放送，蓄積型放送，データ放送が可能である。自治体向け防災情報広報システムである **V–ALERT** に対応しており，今後さまざまなサービスが開始されることになる[171]。

19.2　災害時の情報インフラ活用のあり方

19.2.1　東日本大震災以降の情報インフラ

　東日本大震災の被災地における情報収集手段について，当時の調査によると，発災直後や津波情報の収集に関しては，ラジオやテレビ，防災無線といった即時性の高い一斉同報型ツールの利用率が高く，特にラジオとテレビの有用性が高かった。しかし，ラジオによって情報を入手できたが細かい情報は得られなかったとの評価があり，携帯電話はネットワークの輻輳と基地局の物理的な損壊や予備電源の燃料切れなどのため長時間使用できない事態が生じた。即時性の高い情報を伝えるために複数の伝達経路を活用して情報伝達を行うことの重要性が示唆される結果となった[172]。

　東日本大震災が発生した平成 23（2011）年以降，ICT 利用環境は大きく変化した。放送分野ではアナログ放送が終了し，地上デジタル放送への完全移行が行われた。これにより，放送されている番組内容とは連動しないローカルな個別情報を提供することができるようになった。また，通信分野においてはスマートフォンが驚異的に普及し，それに伴って SNS が普及し，パケット通信の機能が高速化したことによりインターネットアクセスが容易になった。さらに，災害時への対応としては，災害などの情報共有基盤の運用が開始された[173]。

　東日本大震災における携帯電話基地局の停波の原因の多くが停電や伝送路断であったことから，電気通信事業者各社は，停電対策や伝送路断対策，そして

19.2 災害時の情報インフラ活用のあり方

停波した場合のエリアカバー対策を強化していた．このため，熊本地震においては，基地局の被害は最小限にとどめられた[174]．

熊本地震における ICT メディアについての評価は，図 19.2 に示すとおりであり，地上波放送については，全般的に優位性が高く，特に地域外情報も含め

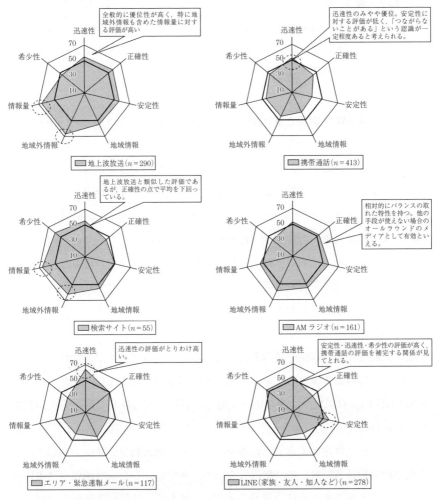

図 19.2　各 ICT メディアの位置付け・特徴に関する分析結果
(出典：総務省：情報通信白書平成 29 年版，第 1 部 第 5 章 第 2 節 2 ② 被災地域における災害情報等伝達に役に立った手段[175])

た情報量に対する評価が高い。携帯通話については全般的に優位性を発揮している項目が少なく，迅速性だけはやや優位である。特に，安定性に対する評価が低く，「つながらないことがある」との認識がある程度存在すると考えられる。検索サイトについては，おおむね地上波放送と類似した評価である。AMラジオの評価は，相対的にバランスが取れている。他の手段が使えない場合のメディアとしての評価があると考えられる。エリア・緊急速報メールについては，迅速性の評価がきわめて高い。LINE（家族，友人，知人など）については，安定性，迅速性，希少性の評価が高い[175]。

19.2.2　東日本大震災と熊本地震を踏まえた情報インフラの活用のあり方
〔1〕　通信・放送インフラの強靭化

東日本大震災において，基地局の倒壊や伝送路断および商用電源の停電による停波が多数発生した経験を踏まえ，通信・放送事業者などを中心として，複数ルート化，予備バッテリーの設置等の対策や停波に備えた隣接局によるカバーや移動基地局車，可搬型発電機の配備などが進められた。これらの取組みによって，熊本地震においては通信に支障をきたした時間が短縮され，多様な手段を活用した情報発信が可能になった。今後，首都圏などで熊本地震と同規模の災害が発生した場合や大規模停電が発生した場合への備えとして，このような取組みを進める必要がある。

また，高度な情報収集や情報発信ができるスマートフォンが普及してきたことから，災害時にスマートフォンを効果的に利用できるようにするための公衆無線 LAN の無料開放や，携帯電話充電器の貸与などと併せた耐災害性の強化が求められる[176]。

コミュニティ放送による災害情報を受信する**自動起動ラジオ**は，高齢者などの災害時要援護者に対して，屋内外を問わず地域に即した災害情報や避難情報を伝えることができる地域密着型のメディアである。防災行政無線の戸別受信機を補完する役割も果たす。高齢者などへ地域密着型の災害情報を伝達するため，自治体による自動起動ラジオの整備を促進する必要がある。

19.2 災害時の情報インフラ活用のあり方 191

臨時災害放送局は，災害時に臨時かつ一時的に開設される放送局である。災害時に自治体に貸し出して迅速に開設できるよう，総務省地方総合通信局等に送信機などを配備しておく必要がある。平時においては自治体が行う送信点調査や運用訓練に活用することができる。

被災地において，携帯電話などの通信が遮断した場合でも通信が確保できるよう，総合通信局などから地方公共団体などに**災害対策用移動通信機器**を貸し出している。平成 29（2017）年 4 月現在，全国で衛星携帯電話 300 台，MCA 無線 280 台，簡易無線 900 台が配備されている。これらを活用することにより，初動期から応急復旧活動の遂行までの一連の活動に必要不可欠な情報伝達の補完を行うことが期待される[177]。

東日本大震災の経験を踏まえて，電気通信サービスの途絶・輻輳^{ふくそう}対策などが進められているが，災害医療・救護活動のための**非常用通信**については，発災時に必要な通信手段が十分には確保されていない。総務省が，平成 28（2016）年 6 月に，非常用通信手段の配備計画の策定や調達時の指針として「災害医療・救護活動において確保されるべき非常用通信手段に関するガイドライン」を公表したところであり，これが，ICT による災害医療・救護活動の強化に向けて広く活用されることが期待される[178]。

また，公衆通信網による電気通信サービスが利用困難となるような場合に備えて，アタッシュケース型の ICT ユニットを 2016 年度から総合通信局などに順次配備し，地方公共団体などの防災関係機関に貸出しを行う体制を整えている。さらに，平成 29（2017）年 5 月には国際電気通信連合（ITU）は世界各地の被災地に提供する緊急通信手段として同様な ICT ユニットの導入を決定した。ITU がこれまで導入していた衛星通信システム（電話およびデータ伝送用）とともに ICT ユニットが世界各地の災害支援に活用されることが期待される[177]。

〔2〕 SNS 情報やビッグデータの積極的な活用

熊本地震においては，停電の発生が限定的で，通信回線も利用可能であったことから，被災者は **SNS** などを活用した情報発信を積極的に行った。しかし，

情報が大量に拡散し，時点や真偽の確認が困難な SNS を活用した情報収集に積極的に取り組むことが困難であった状況がある。このような問題を解消するよう，鮮度の高い被災者のニーズなどに関する情報を SNS から直接収集できるように **DISAANA**（ディサーナ），**D–SUMM**（ディーサム）を活用した情報収集が望まれる。平時からこのようなツールを活用し，災害時に問題なく利用できるよう運用していくことが求められる[179]。

DISAANA とは，情報通信研究機構（NICT）が開発した対災害 SNS 情報分析システムであり，Twitter 上の災害関連情報をリアルタイムに深く分析・整理して，状況把握・判断を支援し，救援，避難の支援を行う質問応答システムである[180]。

D–SUMM とは，災害状況要約システムであり，SNS（Twitter）上の災害関連情報をリアルタイムで深く分析し，自治体ごとに整理し，ひと目で状況把握・判断を可能として救援，避難の支援を行うシステムである。被災報告が膨大な場合でも，短時間で被災状況全体を把握することが可能であり，場所ごとの被災状況把握も容易に整理することができる[181]。

〔3〕 **L アラートと L 字型画面やデータ放送の活用**

熊本地震においては，情報収集に役立った手段として地上波放送は一貫して評価が高く，特に発災時から復旧期に向けて時間が経過するほど評価が高まっていた。その背景には，**L 字型画面**や**データ放送**を活用しテレビ画面上で生活情報や行政情報などの地域密着情報が提供されていたことがあると考えられる。情報発信者である自治体からも，高齢者などの要支援者に対して，日常的に慣れ親しんでいるテレビを介した間接広報が有効であったとの意見がある。

また，自治体からメディアに対する情報提供は電話による問合せ対応や定例の記者発表などが多く，効率的な情報発信が難しい状況であった。このような状況を補完するためのツールとして **L アラート**が運用されているが，熊本地震における活用は限定的であった。L アラートへの入力率の向上と情報量の増加が求められることから，情報の標準化やデータフォーマットの統一化による入力コストの削減や，入力専門の人員の確保が課題である[182),183]。

引用・参考文献

第 I 部　地域の防災

1）静岡大学防災総合センター：防災関連アーカイブ＞活火山富士山がわかる本＞3. 貞観噴火と宝永噴火
   http://www.cnh.shizuoka.ac.jp/research/barchive/mtfuji/003-2/

2）東京大学大学院理学研究科・理学部のホームページ，安藤亮輔，穴倉正展，横山祐典：ニュース 元禄型関東地震の再来間隔，最短 2000 年ではなく 500 年（2017.5.11）
   http://www.s.u-tokyo.ac.jp/ja/info/5369/

3）石井一郎 編著：防災工学，pp.23 ～ 24，森北出版（2012）

4）宮澤清治：安政 3 年（1856）江戸の大風災の惨状，予防時報，日本損害保険協会
   http://www.sonpo.or.jp/news/publish/safety/dizaster/yobou_jihou/pdf/ybja_ez/ybja-ez-186.pdf

5）内閣府：過去の災害に学ぶ（第 10 回）1891（明治 24）年濃尾地震，広報「ぼうさい」，
   http://www.bousai.go.jp/kyoiku/kyokun/kyoukunnokeishou/pdf/kouhou036_16-17.pdf

6）国土交通省 気象庁ホームページ：各種データ・資料＞過去の地震津波災害
   http://www.data.jma.go.jp/svd/eqev/data/higai/higai-1995.html

7）内閣府防災情報のページ：災害史・事例集＞災害教訓の継承に関する専門調査会＞報告書(1896 明治三陸地震津波)，http://www.bousai.go.jp/kyoiku/kyokun/kyoukunnokeishou/rep/1896_meiji_sanriku_jishintsunami/index.html

8）国土交通省 気象庁ホームページ：知識・解説＞台風について＞台風による災害の例，
   http://www.jma.go.jp/jma/kishou/know/typhoon/6-1.html

9）国土交通省 気象庁ホームページ：災害をもたらした気象事例（昭和 20 年），枕崎台風，
   http://www.data.jma.go.jp/obd/stats/data/bosai/report/1945/19450917/19450917.html

10）内閣府防災情報のページ：災害史・事例集＞災害教訓の継承に関する専門調査会＞報告書（1948 福井地震），www.bousai.go.jp/kyoiku/kyokun/kyoukunnokeishou/rep/1948_fukui_jishin/index.html

11）国土交通省 気象庁ホームページ：災害をもたらした気象事例（昭和 34 年）伊勢湾台風，
    http://www.data.jma.go.jp/obd/stats/data/bosai/report/1959/19590926/19590926.html

12）内閣府防災情報のページ：災害教訓の継承に関する専門調査会＞災害教訓の継承に関する専門調査会報告書 平成 18 年 7 月 1923 関東大震災〈第一編 発災とメカニズム〉p.224，

---

†1　本書に記載する URL は，編集当時（2018 年 6 月）のものであり，変更される場合がある。

†2　論文誌の巻番号は太字，号番号は細字で表記する。

引 用 ・ 参 考 文 献

www.bousai.go.jp/kyoiku/kyokun/kyoukunnokeishou/rep/1923_kanto_daishinsai/index. html#document1

13) 内閣府防災情報のページ：災害教訓の継承に関する専門調査会＞災害教訓の継承に関する専門調査会報告書 平成 18 年 7 月 1923 関東大震災〈第一編 発災とメカニズム〉p.37, 43, 46, 48, www.bousai.go.jp/kyoiku/kyokun/kyoukunnokeishou/rep/1923_kanto_daishinsai/ index.html#document1

14) 内閣府防災情報のページ：災害教訓の継承に関する専門調査会＞災害教訓の継承に関する専門調査会報告書 平成 18 年 7 月 1923 関東大震災〈第一編 発災とメカニズム〉p.48, www.bousai.go.jp/kyoiku/kyokun/kyoukunnokeishou/rep/1923_kanto_daishinsai/index. html#document1

15) 内閣府防災情報のページ：災害教訓の継承に関する専門調査会＞災害教訓の継承に関する専門調査会報告書 平成 18 年 7 月 1923 関東大震災〈第一編 発災とメカニズム〉p.2, www.bousai.go.jp/kyoiku/kyokun/kyoukunnokeishou/rep/1923_kanto_daishinsai/index. html#document1

16) 内閣府防災情報のページ：災害教訓の継承に関する専門調査会＞災害教訓の継承に関する専門調査会報告書 平成 18 年 7 月 1923 関東大震災〈第一編 発災とメカニズム〉p.4, www.bousai.go.jp/kyoiku/kyokun/kyoukunnokeishou/rep/1923_kanto_daishinsai/index. html#document1

17) 内閣府防災情報のページ：災害教訓の継承に関する専門調査会＞過去の災害に学ぶ（第 14 回）1923（大正 12）年関東大震災－火災被害の実態と特徴－，広報 ぼうさい，40 (2007)， http://www.bousai.go.jp/kyoiku/kyokun/kyoukunnokeishou/pdf/kouhou040_12-13.pdf

18) 朝日新聞 DIGITAL：特集・連載＞ニュース特集＞災害大国 あすへの備え＞関東大震災 学ぶべき教訓，http://www.asahi.com/special/saigaishi/1923shinsai/

19) 総務省 消防庁防災課：特集 1 関東大震災 80 年を経ての教訓，消防の動き，390，pp.4 〜 6 (2003)，http://www.fdma.go.jp/ugoki/h1509/03.pdf

20) 政府 地震調査研究推進本部ホームページ：今までに公表した活断層及び海溝型地震の長期評価結果一覧（平成 18 年 1 月 16 日），〈参考〉過去に発生した地震の地震発生直前における確率，http://www.jishin.go.jp/main/choukihyoka/ichiran.htm

21) 総務省 消防庁ホームページ：阪神・淡路大震災について（確定報）（平成 18 年 5 月 19 日）， http://www.fdma.go.jp/data/010604191452374961.pdf

22) 内閣府防災情報のページ：阪神・淡路大震災の総括・検証に係る調査＞行政における施策・事業ごとの取組状況や課題等の整理 002 対策本部の設置 http://www.bousai.go.jp/kyoiku/kyokun/hanshin_awaji/chosa/pdf/002.pdf

23) 内閣官房都市再生本部事務局 内閣府（防災担当），国土交通省近畿地方整備局：阪神・淡路大震災を振り返って，p.6 (2002) http://www.bousai.go.jp/kohou/oshirase/h14/pdf/sankousiryo1-2.pdf

24) 内閣府防災情報のページ：阪神・淡路大震災の総括・検証に係る調査＞行政における施策・事業ごとの取組状況や課題等の整理 001 初動対応の状況 www.bousai.go.jp/kyoiku/kyokun/hanshin_awaji/chosa/pdf/001.pdf

25) 兵庫県知事公室消防防災課：阪神・淡路大震災－兵庫県の 1 年の記録，pp.6 〜 7 (1998)，

引用・参考文献

www.lib.kobe-u.ac.jp/directory/eqb/book/4-367/

26）五百旗頭真：大災害の時代 未来の国難に備えて，p.134，毎日新聞出版（2016）

27）緊急災害対策本部：平成23年（2011年）東北地方太平洋沖地震（東日本大震災）について（平成29年3月8日（14:00））

www.bousai.go.jp/2011daishinsai/pdf/torimatome20170308.pdf

28）政府 地震調査研究推進本部ホームページ：地震に関する評価＞長期評価＞長期評価結果一覧＞過去に公表した長期評価結果一覧2013年1月1日での算定 今までに公表した活断層及び海溝型地震の長期評価結果一覧（平成23年1月11日現在）

https://www.jishin.go.jp/main/choukihyoka/ichiran_past/ichiran20110111.pdf

29）日本経済新聞：岩手県普代村は浸水被害ゼロ，水門が効果を発揮（2011/4/1）

https://www.nikkei.com/article/DGXNASFK31023_R30C11A3000000/

30）中央防災会議：東北地方太平洋沖地震を教訓とした地震・津波対策に関する専門調査会（第3回）資料2 海岸保全施設の整備と被災状況について（2011）

http://www.bousai.go.jp/kaigirep/chousakai/tohokukyokun/3/pdf/2.pdf

31）河北新報 ONLINE NEWS：わがこと 防災・減災＞記事 第5部・備えの死角（2）防潮堤／「万里の長城」油断招く（2013.4.30）

http://www.kahoku.co.jp/special/spe1114/20130430_01.html

32）内閣府防災情報のページ：特集 東日本大震災から学ぶ－いかに生き延びたか－

http://www.bousai.go.jp/kohou/kouhoubousai/h23/64/special_01.html

33）朝日新聞 DIGITAL：ニュース＞トピックス＞大川小学校に関するトピックス

www.asahi.com/topics/word/ 大川小学校 .html

34）総務省 消防庁応急対策室：熊本県熊本地方を震源とする地震（第104報）平成29年7月14日（金）11時00分

http://www.fdma.go.jp/bn/【第104報】熊本県熊本地方を震源とする地震.pdf

35）国土交通省：平成27年度 国土交通白書，追部 平成28年（2016年）熊本地震への対応 5 大規模被災インフラの復旧

http://www.mlit.go.jp/hakusyo/mlit/h27/hakusho/h28/html/t1005000.html

36）国土交通省九州地方整備局：報道発表資料 平成28年熊本地震 緑川・白川等の被災・復旧状況（第2報）をまとめました（平成28年4月29日）

http://www.qsr.mlit.go.jp/n-kisyahappyou/h28/data_file/1461920161.pdf

37）国土交通省 気象庁ホームページ：知識・解説＞緊急地震速報について＞緊急地震速報とは，http://www.data.jma.go.jp/svd/eew/data/nc/shikumi/whats-eew.html

38）国土交通省 気象庁ホームページ：地震情報について

http://www.data.jma.go.jp/svd/eqev/data/joho/seisinfo.html

39）国土交通省 気象庁ホームページ：知識・解説＞緊急地震速報について＞緊急地震速報（警報）及び（予報）について

http://www.data.jma.go.jp/svd/eew/data/nc/shikumi/shousai.html#2

40）国土交通省 気象庁ホームページ：知識・解説＞緊急地震速報について＞緊急地震速報のしくみ，http://www.data.jma.go.jp/svd/eew/data/nc/shikumi/shikumi.html

41）国土交通省 気象庁：気象業務はいま2012，特集2 津波警報改善に向けた取り組み，

pp.40, 42 ～ 44
http://www.jma.go.jp/jma/kishou/books/hakusho/2012/HN2012sp2.pdf

42) 国土交通省 気象庁ホームページ：知識・解説＞津波警報・注意報，津波情報，津波予報について，http://www.data.jma.go.jp/svd/eqev/data/joho/tsunamiinfo.html

43) 災害時の避難に関する専門調査会 津波防災に関するワーキンググループ：第2回会合 資料2-3 東日本大震災を踏まえた検討事項整理－各検討事項の検討視点（案）－ p.5,
http://www.bousai.go.jp/jishin/tsunami/hinan/2/pdf/2-3.pdf

44) 東北地方太平洋沖地震を教訓とした地震・津波対策に関する専門調査会：第7回会合 参考資料1 平成23年東日本大震災における避難行動等に関する面接調査（住民）単純集計結果，pp.40, 45, http://dl.ndl.go.jp/view/download/digidepo_6016473_po_sub1.pdf?contentNo=11&alternativeNo

45) 東北地方太平洋沖地震を教訓とした地震・津波対策に関する専門調査会：第7回会合 参考資料1 平成23年東日本大震災における避難行動等に関する面接調査（住民）単純集計結果，pp.54，http://dl.ndl.go.jp/view/download/digidepo_6016473_po_sub1.pdf?contentNo=11&alternativeNo

46) 総務省ホームページ：防災行政無線とは・市町村防災行政無線のデジタル化
http://www.soumu.go.jp/soutsu/kyushu/ru/prevention.html

47) 総務省 消防庁防災情報室：東日本大震災における災害応急対策に関する検討会 第4回 資料2 消防庁① 東日本大震災における防災行政無線による情報伝達について，pp.5 ～ 6（2011）
http://www.bousai.go.jp/oukyu/higashinihon/4/pdf/syoubou1.pdf

48) 総務省 消防庁防災情報室：災害情報伝達手段の整備に関する手引き（住民への情報伝達手段の多様化実証実験），pp.22 ～ 23（2013）
http://www.fdma.go.jp/html/data/tuchi2505/pdf/250523-1.pdf

49) 総務省：平成27年版 情報通信白書，第3部 基本データと政策動向 第3節 電波政策の展開（3）防災行政無線の高度化
http://www.soumu.go.jp/johotsusintokei/whitepaper/ja/h27/html/nc383230.html

50) 総務省電波利用ホームページ：市町村防災無線等整備状況
http://www.tele.soumu.go.jp/j/adm/system/trunk/disaster/change/

51) 総務省 消防庁のホームページ：J–ALERT の概念図（2014）
http://www.fdma.go.jp/html/intro/form/pdf/kokuminhogo_unyou/kokuminhogo_unyou_main/J-ALERT_gaiyou.pdf

52) 野口壮弘：J アラートを活用した情報伝達について，p.10，地方公共団体の危機管理に関する研究会（日本防火・危機管理促進協会）（2017）
http://www.boukakiki.or.jp/crisis_management/pdf_1/171025_noguchi.pdf

53) 総務省 消防庁国民保護・防災部防災課国民保護室：特集Ⅰ 東日本大震災（9）（災害情報）東日本大震災における J アラートの活用と課題，消防科学と情報，No.113，pp.12 ～ 15（2013），http://www.isad.or.jp/isad_img/kikan/No113/12p.pdf

54) 国土交通省 気象庁ホームページ：知識・解説＞気象警報・注意報
http://www.jma.go.jp/jma/kishou/know/bosai/warning.html

引　用　・　参　考　文　献

55) 国土交通省 気象庁ホームページ：知識・解説＞気象情報
http://www.jma.go.jp/jma/kishou/know/bosai/kishojoho.html

56) 国土交通省 気象庁のホームページ：気象等の知識＞特別警報について
http://www.jma.go.jp/jma/kishou/know/tokubetsu-keiho/index.html

57) 国土交通省 気象庁のホームページ：気象等の知識＞特別警報について＞特別警報の発表基準について
http://www.jma.go.jp/jma/kishou/know/tokubetsu-keiho/kizyun.html

58) 国土交通省ホームページ：水管理・国土保全トップ＞砂防＞土砂災害発生事例＞平成29年に発生した土砂災害 平成29年 全国の土砂災害発生状況（12月26日現在），www.mlit.go.jp/river/sabo/jirei/h29dosha/hasseijyokyo291226-%EF%BC%93.pdf

59) 沖縄県のホームページ：土砂災害危険箇所とは（2015.7.22）
www.pref.okinawa.jp/site/doboku/kaibo/kikenkasho.html

60) 国土交通省ホームページ：水管理・国土保全トップ＞砂防＞土砂災害防止法 都道府県別土砂災害危険個所，www.mlit.go.jp/river/sabo/link20.htm

61) 島根県：土砂災害危険箇所と土砂災害警戒区域の違いについて
http://www.pref.shimane.lg.jp/infra/river/sabo/saigai/kiken_kasyo.data/kikennkuiki.pdf

62) 国土交通省水管理・国土保全局ホームページ：土砂災害防止法，全国における土砂災害警戒区域等の指定状況（H30.1.31 時点）
www.mlit.go.jp/river/sabo/sinpoupdf/jyoukyou-180131.pdf

63) 国土交通省ホームページ：報道発表資料＞「土砂災害から身を守るために知っていただきたいこと」をとりまとめ，関係機関にお知らせしました
http://www.mlit.go.jp/report/press/mizukokudo03_hh_000708.html

64) 国土交通省 水管理・国土保全局 砂防部：土砂災害防止法の改正と今後の取り組みについて（2015），www.mlit.go.jp/river/sabo/sinpoupdf/kaiseitorikumi.pdf

65) 国土交通 省水管理・国土保全局砂防部，気象庁：土砂災害警戒情報について（2013）
http://www.mlit.go.jp/river/sabo/sabo_ken_link/doshakei.pdf

66) 国土交通省 気象庁のホームページ：地震・津波と火山の監視 火山の監視
http://www.jma.go.jp/jma/kishou/intro/gyomu/index92.html

67) 国土交通省 気象庁ホームページ：知識・解説＞火山＞噴火警報・予報の説明
http://www.data.jma.go.jp/svd/vois/data/tokyo/STOCK/kaisetsu/volinfo.html

68) 国土交通省 気象庁ホームページ：知識・解説＞火山＞噴火警戒レベルの説明
http://www.data.jma.go.jp/svd/vois/data/tokyo/STOCK/kaisetsu/level_toha/level_toha.htm

69) 内閣府（防災担当），消防庁，国土交通省水管理・国土保全局砂防部，気象庁：火山防災対策推進のための資料 火山防災マップ作成指針（平成25年3月）
http://www.bousai.go.jp/kazan/shiryo/pdf/20130404_mapshishin.pdf

70) 産経ニュース：警戒地域に140市町村 火山対策，政府初指定 御嶽山噴火教訓，産経新聞社（2016.2.16 09:09）
www.sankei.com/affairs/news/160216/afr1602160014-n1.html

71) 内閣府（防災担当）：火山防災協議会における最近の取組状況および内閣府の避難計画

の策定促進に向けた取り組み，p.9

www.bousai.go.jp/kazan/senmonka/pdf/dai2kai/20171117siryo1.pdf

72) 国土交通省 気象庁のホームページ：大雨や猛暑日など（極端現象）のこれまでの変化，
http://www.data.jma.go.jp/cpdinfo/extreme/extreme_p.html

73) 国土交通省：平成25年度 国土交通白書，第Ⅰ部 第1章 第2節 社会インフラを取り巻く経済社会の状況
http://www.mlit.go.jp/hakusyo/mlit/h25/hakusho/h26/index.html

74) 国土交通省：平成22年度 国土交通白書，第Ⅰ部 第2章 第2節 2 地域社会の災害に対する脆弱性の高まり
http://www.mlit.go.jp/hakusyo/mlit/h22/hakusho/h23/index.html

75) 国土交通省：平成22年度 国土交通白書，第Ⅰ部 第2章 第2節 急がれる次なる災害への備え，http://www.mlit.go.jp/hakusyo/mlit/h22/hakusho/h23/index.html

76) 内閣府政策統括官（防災担当）：中山間地等の集落散在地域における 孤立集落発生の可能性に関する状況 フォローアップ調査 調査結果（2014）
http://www.bousai.go.jp/jishin/chihou/pdf/20141022-koritsuhoukokusyo.pdf

77) 国土交通省総合政策局建設経済統計調査室：平成29年度建設投資見通し（2017）
http://www.mlit.go.jp/common/001190162.pdf

78) 建設経済研究所，経済調査会経済調査研究所：建設経済モデルによる建設投資の見通し（2018年4月）
http://www.rice.or.jp/regular_report/pdf/forecast/Model(20180420).pdf

79) 木下誠也：公共調達解体新書，経済調査会（2017）

80) CONCOM：防災を考える/第六回 地下街の防災対策について（2）地下街等の浸水対策，建設業技術者センター，http://concom.jp/contents/interview/vol14.html

81) 経済調査会 けんせつPlaza：特集記事資料館＞積算資料公表価格版＞地下街等における浸水防止用設備整備について（2017.8.31）
http://www.kensetsu-plaza.com/kiji/post/17095

82) 最大規模の洪水等に対応した防災・減災対策検討会：「社会経済の壊滅的な被害の回避」に向けた取り組み－最大クラスの洪水・高潮による被害想定について－（2017），http://www.ktr.mlit.go.jp/ktr_content/content/000680525.pdf

83) 国土交通省：密集市街地対策について，社会資本整備審議会建築分科会 建築基準制度部会 住宅局資料，資料4（平成29年12月20日）
http://www.mlit.go.jp/common/001215164.pdf

84) 国土交通省：平成28年度全国都市防災・都市災害主管課長会議の開催について 1. 総合的な都市防災対策の推進について
http://www.mlit.go.jp/common/001231344.pdf

85) 国土交通省ホームページ：「地震時等に著しく危険な密集市街地」について
http://www.mlit.go.jp/report/press/house06_hh_000102.html

86) 国土交通省ホームページ：都市＞宅地防災＞大規模盛土造成地の滑動崩落対策について，
http://www.mlit.go.jp/toshi/toshi_tobou_fr_000004.html

87) 国土交通省 都市局都市安全課：市街地液状化対策推進ガイダンス，本編_1. 総則，p.1（平

引 用・参 考 文 献

成 28 年 2 月），http://www.mlit.go.jp/common/001123039.pdf

88）国土交通省ホームページ：政策・仕事＞宅地防災＞宅地の液状化対策について
http://www.mlit.go.jp/toshi/toshi_fr1_000010.html

89）国土交通省 都市局都市安全課：市街地液状化対策推進ガイダンス，本編_1. 総則，pp.6
～8（平成 28 年 2 月），http://www.mlit.go.jp/common/001123039.pdf

90）国土交通省ホームページ：政策・仕事＞宅地防災＞宅地の液状化対策について 宅地の
液状化対策に関する取組みの概要について 平成 25 年度より液状化に関する調査や事前の
対策工事を国費で支援
http://www.mlit.go.jp/common/001114580.pdf

91）国土交通省ホームページ：政策・仕事＞都市＞都市防災＞防災都市づくり計画策定指
針等について 災害リスク情報の活用と連携によるまちづくりの推進について，第 1 章 災
害リスク情報の活用と連携によるまちづくりの推進，p.6
http://www.mlit.go.jp/toshi/toshi_tobou_tk_000007.html

92）国土交通省：平成 28 年度全国都市防災・都市災害主管課長会議の開催について 1. 総合
的な都市防災対策の推進について
http://www.mlit.go.jp/common/001128544.pdf

93）国土交通省ホームページ：都市＞都市防災＞防災都市づくり計画策定指針等について，
防災都市づくり計画のモデル計画及び同解説，第 2 章 都市レベル及び地区レベルの課題整
理，p.18，http://www.mlit.go.jp/common/001042807.pdf

94）東京都耐震ポータルサイト：耐震化はなぜ必要？＞2. あなたの家は大丈夫？
http://www.taishin.metro.tokyo.jp/ploof/house.html

95）国土交通省：報道発表資料＞熊本地震における建築物被害の原因分析を行う委員会 報
告書について：熊本地震における建築物被害の原因分析を行う委員会 報告書 概要，
http://www.mlit.go.jp/common/001147568.pdf

96）内閣府 TEAM 防災ジャパン：熊本地震を受けて報告書案「さらに耐震化促進を」
https://bosaijapan.jp/news/ 熊本地震を受けて報告書案−「さらに耐震化促進を/

97）国土交通省ホームページ：熊本地震における建築物被害の原因分析を行う委員会 報告書
〈概要版〉，http://www.mlit.go.jp/common/001147568.pdf

98）東京都耐震ポータルサイト：耐震化はなぜ必要？
http://www.taishin.metro.tokyo.jp/ploof/

99）国土交通省ホームページ：政策・仕事＞住宅・建築＞建築＞住宅・建築物の耐震化に
ついて
http://www.mlit.go.jp/jutakukentiku/house/jutakukentiku_house_fr_000043.html

100）国土交通省ホームページ：建築物の耐震改修の促進に関する法律等の改正概要（平成
25 年 11 月施行）
http://www.mlit.go.jp/jutakukentiku/build/jutakukentiku_house_fr_000054.html

101）国土交通省関東地方整備局ホームページ：都市・公園＞建築物の安全＞住宅・建築物
の耐震対策等
http://www.ktr.mlit.go.jp/city_park/sumai/city_park_sumai00000023.html

102）東京都耐震ポータルサイト：耐震化はなぜ必要？＞4. 耐震シェルターという方法，

引 用 ・ 参 考 文 献

http://www.taishin.metro.tokyo.jp/ploof/earthquake_resistant_shelter.html

103) 内閣府（防災担当）：市町村のための水害対応の手引き（2017）
http://www.bousai.go.jp/taisaku/chihogyoumukeizoku/pdf/1706suigai_tebiki_all.pdf

104) 社会資本整備審議会 都市計画・歴史的風土分科会 都市計画部会 安全・安心まちづくり小委員会：安全で安心して暮らせるまちづくりの推進方策 概要報告書
http://www.mlit.go.jp/common/000135565.pdf

105) 国土交通省ホームページ：河川トップ＞パンフレット・事例集＞防災 水管理・国土保全 水害対策を考える 第4章 今後の対策の方向性＞4-5 行政の取り組み（河川管理者の取り組み），http://www.mlit.go.jp/river/pamphlet_jirei/bousai/saigai/kiroku/suigai/suigai_4-5-ref1.html

106) 国土交通省ホームページ：水管理・国土保全＞パンフレット・事例集＞河川＞特定指定都市河川浸水被害対策法の概要，特定都市河川浸水被害対策法のスキーム，http://www.mlit.go.jp/river/pamphlet_jirei/kasen/gaiyou/panf/tokutei/

107) 日本下水道協会 佐伯謹吾：日本における浸水対策と関連技術－都市型水害への対応－，http://gcus.jp/wp/wp-content/uploads/2013/08/4aca9e9c3397d6c94087828e96d42409.pdf

108) 国土交通省 都市・地域整備局 下水道部：下水道政策研究委員会＞下水道による都市浸水対策の新たな展開，第1章 総論，pp.1～2
http://www.mlit.go.jp/crd/city/sewerage/gyosei/sinsui/01-1.pdf

109) 雨水貯留浸透技術協会ホームページ：雨水貯留浸透施設 設置 平成27年度版 雨水貯留浸透施設の設置に対する支援措置のご紹介，http://arsit.or.jp/setup

110) 国土交通省ホームページ：政策・仕事＞水管理・国土保全＞河川＞100 mm/h 安心プラン，1. 100 mm/h 安心プランの概要
http://www.mlit.go.jp/river/kasen/main/100mm/

111) 浅井慎一, 和田紘希：100 mm/h 安心プランの目的と取組状況, 月間推進技術, **29**, 2（2015）
http://www.lsweb.co.jp/micro-tunnelling/parts/tachiyomi/2015/1502/1502_01.pdf

112) 国土交通省ホームページ：政策・仕事＞水管理・国土保全＞河川＞100 mm/h 安心プラン，3.(1) 実施要綱, (2) 実施要綱の運用
http://www.mlit.go.jp/river/kasen/main/100mm/

113) 国土交通省ホームページ：水管理・国土保全 第5回 高規格堤防の見直しに関する検討会 資料1 高規格堤防の事業スキームについて，http://www.mlit.go.jp/river/shinngikai_blog/koukikakuteibou/dai5kai/dai5kai_siryou1.pdf

114) 国土交通省 高規格堤防の効率的な整備に関する検討会：高規格堤防の効率的な整備に向けた検討会 提言（平成29年12月）
http://www.mlit.go.jp/river/shinngikai_blog/koukikaku_kentoukai/teigen.pdf

115) 内閣府防災情報のページ：火山対策＞噴火時等の避難計画の手引き作成委員会＞噴火時等の避難計画の手引き作成委員会（第1回）会議資料 参考資料1 洪水・内水・高潮，津波における避難確保計画作成の手引（国土交通省水管理・国土保全局）参考資料1-1 地下街等に係る避難確保・浸水防止計画作成の手引き（案）（洪水・内水・高潮編）1. 計画の構成，p.1（平成27年7月）
http://www.bousai.go.jp/kazan/tebikisakusei/pdf/20151216sanko1.pdf

引　用　・　参　考　文　献

116) 内閣府防災情報のページ：火山対策＞噴火時等の避難計画の手引き作成委員会＞噴火
　　時等の避難計画の手引き作成委員会（第1回）会議資料 参考資料1 洪水・内水・高潮，津
　　波における避難確保計画作成の手引（国土交通省水管理・国土保全局）参考資料1–1 地下
　　街等に係る避難確保・浸水防止計画作成の手引き（案）（洪水・内水・高潮編）2.計画の目
　　的，p.3（平成27年7月）
　　http://www.bousai.go.jp/kazan/tebikisakusei/pdf/20151216sanko1.pdf
117) 内閣府防災情報のページ：火山対策＞噴火時等の避難計画の手引き作成委員会＞噴火
　　時等の避難計画の手引き作成委員会（第1回）会議資料 参考資料1 洪水・内水・高潮，津
　　波における避難確保計画作成の手引（国土交通省水管理・国土保全局）参考資料1–2 地下
　　街等に係る避難確保計画（津波編）作成の手引き（案）平成26年1月版
　　http://www.bousai.go.jp/kazan/tebikisakusei/pdf/20151216sanko1.pdf
118) 国土交通省ホームページ：政策・仕事＞水管理・国土保全＞防災＞自衛水防（企業防
　　災）＞地下空間の浸水対策，水防法に基づく取組状況，http://www.mlit.go.jp/river/bousai/
　　main/saigai/jouhou/jieisuibou/pdf/chikagaitorikumi.pdf
119) 国土交通省ホームページ：水管理・国土保全＞防災＞自衛水防（企業防災）＞地下空
　　間の浸水対策，地下街・地下鉄等ワーキンググループ最終とりまとめ（概要）
　　www.mlit.go.jp/river/bousai/main/saigai/jouhou/jieisuibou/bousai-gensai-suibou01.html
120) 総務省 消防庁：自主防災組織の手引－コミュニティと安心・安全なまちづくり－，p.9
　　（2011），http://www.fdma.go.jp/html/life/bousai/bousai_2304-all.pdf
121) 内閣府 男女共同参画局ホームページ：監視専門調査会＞防災・復興ワーキング・グルー
　　プ 第3回（平成26年1月31日）内閣府配布資料2–2「第1弾」災害対策基本法の改正の
　　概要（平成24年6月27日公布・施行）
　　http://www.gender.go.jp/kaigi/senmon/kansi_senmon/wg03/pdf/giji_02-2.pdf
122) 村田和彦：東日本大震災の教訓を踏まえた災害対策法制の見直し－災害対策基本法，
　　大規模災害復興法－，参議院事務局，立法と調査，No.345，pp.126 ～ 130（2013）
　　http://www.sangiin.go.jp/japanese/annai/chousa/rippou_chousa/backnumber/
　　2013pdf/20131001125.pdf
123) 総務省 消防庁国民保護・防災部：地方防災行政の現況（付 平成28年 災害年報），
　　pp.21 ～ 23（2018）
　　http://www.fdma.go.jp/disaster/chihoubousai/pdf/28/genkyo.pdf
124) 内閣府防災情報のページ：防災白書 平成22年版3住民による自主防災活動の推進，
　　http://www.bousai.go.jp/kaigirep/hakusho/h22/bousai2010/html/honbun/2b_3s_
　　3_01.htm
125) 総務省 消防庁ホームページ：こんな時は
　　http://www.fdma.go.jp/general/question/question05.html#q02
126) 日本消防協会ホームページ：消防団の統計データ
　　http://www.nissho.or.jp/contents/static/syouboudan/toukei-data.html
127) 総務省消防庁ホームページ：消防団データ集＞消防団に関する数値データ
　　http://www.fdma.go.jp/syobodan/data/scale/
128) 内閣府防災情報のページ：平成22年版 防災白書＞2消防団水防団

引用・参考文献

http://www.bousai.go.jp/kaigirep/hakusho/h22/bousai2010/html/honbun/2b_3s_2_01.htm

129) 国土交通省ホームページ：政策・仕事＞河川トップ＞防災＞水防の基礎知識, 表–1, http://www.mlit.go.jp/river/bousai/main/saigai/kisotishiki/pdf/hyou-01_201604.pdf

130) 国土交通省ホームページ：政策・仕事＞河川トップ＞防災＞水防の基礎知識 http://www.mlit.go.jp/river/bousai/main/saigai/kisotishiki/index.html

131) 国土交通省ホームページ：政策・仕事＞河川トップ＞防災＞水防の基礎知識, 表–6, http://www.mlit.go.jp/river/bousai/main/saigai/kisotishiki/pdf/hyou-06_201604.pdf

132) 国土交通省ホームページ：政策・仕事＞河川トップ＞防災＞水防の基礎知識 http://www.mlit.go.jp/river/bousai/main/saigai/kisotishiki/index2.html

133) 生田長人 編：防災の法と仕組み（シリーズ防災を考える 4），pp.95 〜 98，東信堂（2010）

134) 東北管区警察局ホームページ：警察の紹介＞広域緊急援助隊 https://www.tohoku.npa.go.jp/syokai/koukintai.html

135) 総務省 消防庁：平成 16 年版 消防白書 第 2 章 消防防災の組織と活動 囲み記事 東京消防庁消防救助機動部隊（ハイパーレスキュー隊）について http://www.fdma.go.jp/html/hakusho/h16/h16/index.html

136) 国土交通省総合政策局技術安全課，河川局防災課：緊急災害対策派遣隊（TEC–FORCE）の創設が決定 資料 1 緊急災害対策派遣隊（TEC–FORCE）の概要（平成 20 年 4 月），http://www.mlit.go.jp/common/000055602.pdf

137) 国土交通省ホームページ：政策・仕事＞水管理・国土保全＞防災＞TEC–FORCE について http://www.mlit.go.jp/river/bousai/pch-tec/index.html

138) 内閣府防災（被災者行政担当）：平成 29 年度災害救助法等担当者全国会議 資料 1–1 災害救助法について http://www.bousai.go.jp/taisaku/kyuujo/pdf/h29kaigi/siryo1-1.pdf

139) 内閣府 政策統括官（防災担当）付 参事官（被災者行政担当）：災害救助事務取扱要領，pp.1 〜 2（2016） http://www.cao.go.jp/bunken-suishin/teianbosyu/doc/tb_h27fu_02_cao244_c1.pdf

140) 内閣府 政策統括官（防災担当）付 参事官（被災者行政担当）：災害救助事務取扱要領，p.36（2016） http://www.cao.go.jp/bunken-suishin/teianbosyu/doc/tb_h27fu_02_cao244_c1.pdf

141) 各都道府県防災主管部長宛 内閣府政策統括官（防災担当）付参事官（総括担当），消防庁国民保護・防災部防災課長，厚生労働省社会・援護局総務課長通知：災害対策基本法等の一部を改正する法律による改正後の災害対策基本法等の運用について（抄）（平成 25 年 6 月 21 日 府政防第 559 号，消防災第 246 号，社援総発 0621 第 1 号） http://www.bousai.go.jp/taisaku/hisaisyagyousei/pdf/risaisyoumeisyo_unyou.pdf

142) 内閣府政策統括官（防災担当）から警察庁警備局長，消防庁次長，厚生労働省社会・援護局長，中小企業庁次長，国土交通省住宅局長あて通知：災害の被害認定基準について（平成 13 年 6 月 28 日府政防第 518 号） http://www.bousai.go.jp/taisaku/pdf/030110.pdf

引　用　・　参　考　文　献　　　　　203

143）内閣府（防災担当）：災害に係る住家の被害認定基準運用指針（2018）
http://www.bousai.go.jp/taisaku/pdf/h3003shishin_all.pdf

144）内閣府防災情報のページ：防災対策制度＞災害に係る住家の被害認定 災害に係る住家
の被害認定の概要，http://www.bousai.go.jp/taisaku/unyou.html

145）内閣府防災情報のページ：防災対策制度＞災害に係る住家の被害認定『住家の被害認
定基準運用指針』・『実施体制の手引き』の改定の概要（平成 30 年 3 月）
http://www.bousai.go.jp/taisaku/pdf/h3003kaitei.pdf

146）内閣府大臣官房政府広報室：世論調査＞平成 29 年度＞防災に関する世論調査，平成
29 年 11 月調査，https://survey.gov-online.go.jp/h29/h29-bousai/index.html

147）内閣府大臣官房政府広報室：世論調査報告書（平成 25 年 12 月調査）防災に関する世
論調査，https://survey.gov-online.go.jp/h25/h25-bousai/index.html

148）内閣府防災情報のページ：防災対策制度＞平成 29 年度総合防災訓練に係る資料等，平
成 29 年度総合防災訓練大綱（本文），平成 29 年 4 月 11 日中央防災会議決定，http://
www.bousai.go.jp/taisaku/kunren/h29.html

149）内閣府防災情報のページ：広報誌「ぼうさい」＞平成 21 年度 広報誌「ぼうさい」−防
災情報のページ＞特集 防災教育
http://www.bousai.go.jp/kohou/kouhoubousai/h21/01/special_01.html

150）文部科学省ホームページ：学校防災のための参考資料「生きる力」を育む防災教育の
展開（平成 25 年 3 月文部科学省），防災教育の展開 第 2 章 学校における防災教育，p.8,
http://www.mext.go.jp/a_menu/kenko/anzen/1289310.htm

151）国土交通省：水害サミットからの発信 こんなときどうする？＞災害時にトップがなす
べきことは…，http://www.mlit.go.jp/river/suigai/top/index.html

152）kenoj.com 新潟・県央情報交差点：三条市長が発起人のひとりの水害サミットが全国の
市区町村長へ「災害にトップがなすべきこと」11 か条を送付（2014.8.23）
http://www.kenoh.com/2014/08/23_suigai.html

153）災害時にトップがなすべきこと協働策定会議：被災地からおくるメッセージ 災害時に
トップがなすべきこと（2017）
http://www.cbr.mlit.go.jp/mie/river/conference/saigai/pdf/zentai1/siryou-4-2.pdf

154）集中豪雨時等における情報伝達及び高齢者等の避難支援に関する検討会：避難勧告等
の判断・伝達マニュアル作成ガイドライン，p.1（平成 17 年 3 月）
http://www.bousai.go.jp/oukyu/hinankankoku/guideline/guideline_2014.html

155）都司嘉宣：東日本大震災の際の明暗を分けた避難事例から学ぶべきこと，2013.2.25 防
災研究所講演，http://www.bosai.go.jp/event/2012/img/130225_05.pdf

156）集中豪雨時等における情報伝達及び高齢者等の避難支援に関する検討会：避難勧告等
の判断・伝達マニュアル 作成ガイドライン（2005）
http://www.bousai.go.jp/kaigirep/chuobou/12/pdf/siryo3_2.pdf

157）内閣府（防災担当）：避難勧告等の判断・伝達マニュアル作成ガイドライン，平成 26
年 9 月
http://www.bousai.go.jp/oukyu/hinankankoku/guideline/pdf/140922_honbun.pdf

158）内閣府（防災担当）：記者発表資料 避難勧告等の判断・伝達マニュアル作成ガイドライ

ンの一部改定について（2015）

http://www.bousai.go.jp/kohou/oshirase/pdf/20150819_01kisya.pdf

159) 内閣府（防災担当）：避難勧告等の判断・伝達マニュアル作成ガイドライン，平成27
年8月，http://www.bousai.go.jp/oukyu/hinankankoku/guideline/pdf/161027_
sankosiryo01.pdf

160) 藤枝市：避難勧告等の判断・伝達マニュアル（水害・土砂災害 共通編）p.1（2017）
http://www.city.fujieda.shizuoka.jp/ikkrwebBrowse/material/files/group/48/kyotu.pdf

161) 内閣府（防災担当）：避難勧告等に関するガイドラインについて－平成28年台風第10
号災害を踏まえた改定概要について－，平成28年度 防災セミナー（平成29年2月6日），
http://www.zenkokubousai.or.jp/download/290206seminar02.pdf

162) 内閣府防災情報のページ：防災対策制度＞風水害対策＞避難勧告等の判断・伝達＞避
難勧告等に関するガイドラインの改定（平成28年度）改訂概要
http://www.bousai.go.jp/oukyu/hinankankoku/h28_hinankankoku_guideline/index.html

第II部　ライフライン防護

1) 内閣府防災情報のページ：阪神・淡路大震災教訓情報資料集 阪神・淡路大震災の概要
http://www.bousai.go.jp/kyoiku/kyokun/hanshin_awaji/earthquake/index.html

2) 国土交通省 近畿地方整備局震災復興対策連絡会議：阪神・淡路大震災の経験に学ぶ 第1
章（平成14年（2002年）1月）
http://www.kkr.mlit.go.jp/plan/daishinsai/1.html

3) 濱田政則：巨大地震災害への対応～土木学会が果すべき役割～
https://www.jsce.or.jp/committee/kyodai-jishin/H160528.pdf

4) NHKそなえる防災ホームページ，安田 進：液状化・地盤災害・土木被害
http://www.nhk.or.jp/sonae/column/20120810.html

5) 総務省ホームページ：平成23年版 情報通信白書 本編 第1部 東日本大震災における情報
通信の状況 第4節 情報通信が果たした役割と課題 コラム 阪神・淡路大震災時における情
報通信の役割
http://www.soumu.go.jp/johotsusintokei/whitepaper/ja/h23/html/nc143d00.html

6) 国土交通省 近畿地方整備局震災復興対策連絡会議：阪神・淡路大震災の経験に学ぶ 第2
章（2002），http://www.kkr.mlit.go.jp/plan/daishinsai/2.html

7) 国土交通省 近畿地方整備局震災復興対策連絡会議：阪神・淡路大震災の経験に学ぶ 第3
章（2002），http://www.kkr.mlit.go.jp/plan/daishinsai/3.html

8) 能島暢呂：東日本大震災におけるライフライン復旧概況（時系列編）（Ver.3：2011年5
月31日まで）
http://committees.jsce.or.jp/2011quake/system/files/110603-ver3.pdf

9) 内閣府防災情報のページ：特集 東日本大震災
http://www.bousai.go.jp/kohou/kouhoubousai/h23/63/special_01.html

10) 総務省 消防庁災害対策本部：平成23年（2011年）東北地方太平洋沖地震（東日本大震災）
について（第157報）平成30年3月7日（水）14時00分

引 用 ・ 参 考 文 献

http://www.fdma.go.jp/bn/higaihou/pdf/jishin/157.pdf

11）経済産業省 資源エネルギー庁ホームページ：平成 22 年度エネルギーに関する年次報告
（エネルギー白書 2011）

http://www.enecho.meti.go.jp/about/whitepaper/2011html/

12）中里幸聖：東日本大震災からの復興と交通インフラ，大和総研 金融資本市場（2015 年 6
月 5 日），https://www.dir.co.jp/report/research/policy-analysis/regionalecnmy/20150605_
009800.pdf

13）NEXCO 東日本のホームページ：定例記者会見資料＞平成 22 年度＞東北地方太平洋沖
地震による高速道路等の被害と復旧状況について

http://www.e-nexco.co.jp/pressroom/data_room/regular_mtg/h23/0324/

14）相良純子，石渡幹夫：教訓ノート 4-1 4．復興計画 インフラ施設復旧，世界銀行
http://siteresources.worldbank.org/JAPANINJAPANESEEXT/Resources/
515497-1349161964494/J4-1.pdf

15）内閣府ホームページ：被災者生活支援チーム＞インフラ等の被害・復旧状況

http://www.cao.go.jp/shien/2-shien/1-infra.html

16）東北の鉄道震災復興誌編集委員会：よみがえれ！みちのくの鉄道，第 1 編 第 2 章 鉄道
被害の概要（2012），http://wwwtb.mlit.go.jp/tohoku/td/pdf/1_2.pdf

17）東北の鉄道震災復興誌編集委員会：よみがえれ！みちのくの鉄道，第 2 編 第 1 章 JR 東
日本（東北新幹線）（2012），http://wwwtb.mlit.go.jp/tohoku/td/pdf/2_1.pdf

18）復興庁：公共インフラの本格復旧・復興の進捗状況（平成 30 年 1 月末時点）

http://www.reconstruction.go.jp/topics/main-cat1/sub-cat1-2/20180228_FukkoShihyo.pdf

19）国土交通省 航空局：東日本大震災における空港を利用した活動状況と課題（平成 26 年
11 月），http://www.mlit.go.jp/common/001062705.pdf

20）国土交通省 東北地方整備局：東日本大震災における活動記録，平成 23 年 12 月 2 日，
http://www.thr.mlit.go.jp/Bumon/kisya/saigai/images/38859_1.pdf

21）国土交通省：水管理・国土保全＞水資源＞平成 29 年版日本の水資源の現況，第 8 章 東
日本大震災からの復興について，p.119

http://www.mlit.go.jp/common/001208510.pdf

22）国土交通省：水管理・国土保全＞水資源＞平成 29 年版日本の水資源の現況，第 8 章 東
日本大震災からの復興について，p.121

http://www.mlit.go.jp/common/001208510.pdf

23）国土交通省 下水道部：東日本大震災における下水道管，下水処理施設の被害及び復旧状
況について（平成 23 年 6 月 6 日）

http://www.env.go.jp/recycle/jokaso/data/kentoukai/pdf/20110606-s02-01.pdf

24）国土交通省水管理・国土保全局下水道部：平成 30 年度下水道事業予算概算要求の概要，
p.14（平成 29 年 8 月），http://www.jswa.jp/wp/wp-content/uploads/2017/10/866affb1877
65d59547434dc5dabb924.pdf【これは日本下水道協会か？ パスワードを求められます】

25）内閣府防災情報のページ：東北地方太平洋沖地震を教訓とした地震・津波対策に関する
専門調査会（第 1 回）参考資料 2 被害に関するデータ等

http://www.bousai.go.jp/kaigirep/chousakai/tohokukyokun/1/pdf/sub2.pdf

206　引　用　・　参　考　文　献

26) 経済産業省 資源エネルギー庁ホームページ：平成 23 年度エネルギーに関する年次報告
（エネルギー白書 2012）
http://www.enecho.meti.go.jp/about/whitepaper/2012html/1-1-1.html

27) 経済産業省 資源エネルギー庁ホームページ：平成 22 年度エネルギーに関する年次報告
（エネルギー白書 2011）
http://www.enecho.meti.go.jp/about/whitepaper/2011html/1-1-2.html

28) 経済産業省 資源エネルギー庁ホームページ：平成 22 年度エネルギーに関する年次報告
（エネルギー白書 2011）
http://www.enecho.meti.go.jp/about/whitepaper/2011html/1-1-3.html

29) 石油連盟：統計情報，今日の石油産業データ集，今日の石油産業 2017，p.30
http://www.paj.gr.jp/statis/data/data/2017_data.pdf

30) 総務省ホームページ：情報通信白書 平成 23 年版
http://www.soumu.go.jp/johotsusintokei/whitepaper/ja/h23/html/nc111100.html

31) 総務省ホームページ：情報通信白書 平成 23 年版 本編 第 1 部 東日本大震災における情
報通信の状況
http://www.soumu.go.jp/johotsusintokei/whitepaper/ja/h23/html/nc100000.html

32) 国土交通省，国際建設技術協会：建設技術移転指針策定調査（道路環境）報告書 第 2
章 日本における道路インフラ整備に関わる歴史と現状，p.7（2003）
www.mlit.go.jp/sogoseisaku/inter/keizai/gijyutu/pdf/road_env_j1_02.pdf

33) 国土交通省ホームページ：道路行政の評価／道路関係公団＞有料道路制度の概要，
www.mlit.go.jp/road/ir/hyouka/kodan/gaiyo/gaiyo.html

34) 全国道路利用者会議ホームページ：道路整備の促進に関する事業
http://road-jhuc.jp/katudo/seibi.html

35) 国土交通省 道路局：道路行政の簡単解説
http://www.mlit.go.jp/road/sisaku/dorogyousei/0.pdf

36) 国土交通省：高規格幹線道路網計画の変遷
www.mlit.go.jp/road/ir/ir-council/hw_arikata/chu_matome2/01.pdf

37) 国土交通省 社会資本整備審議会道路分科会：道路の老朽化対策の本格実施に関する提言，
pp.1 ～ 2（2014）
http://www.mlit.go.jp/road/sisaku/yobohozen/yobo10.pdf

38) 国土交通省：道路＞主な施策＞道路の老朽化対策，老朽化対策の取組み
http://www.mlit.go.jp/road/sisaku/yobohozen/torikumi.pdf

39) 国土交通省 社会資本整備審議会道路分科会：道路の老朽化対策の本格実施に関する提言，
pp.7 ～ 8（2014）
http://www.mlit.go.jp/road/sisaku/yobohozen/yobo10.pdf

40) 国土交通省ホームページ：総合政策＞社会資本の老朽化対策＞国土交通省インフラ長
寿命化計画（行動計画）概要（本文）
http://www.mlit.go.jp/sogoseisaku/sosei_point_mn_000011.html

41) 国土交通省ホームページ：道路＞道路防災情報＞緊急輸送道路
www.mlit.go.jp/road/bosai/measures/index3.html

引 用 ・ 参 考 文 献

42) 国土交通省ホームページ：道路 ＞ 道路防災情報 ＞ 道路における震災対策
http://www.mlit.go.jp/road/bosai/measures/index1.html

43) 国土交通省ホームページ：道路における震災対策
http://www.mlit.go.jp/road/bosai/measures/index1.html

44) 国土交通省ホームページ：道路雪防災の目的
www.mlit.go.jp/road/bosai/fuyumichi/project.html

45) 国土交通省ホームページ：道路における豪雨対策
http://www.mlit.go.jp/road/bosai/measures/index2.html

46) 国土交通省ホームページ：道路 ＞ 道路防災情報 ＞ 道路における豪雨対策
http://www.mlit.go.jp/road/bosai/measures/index2.html#2-1

47) 国土交通省ホームページ：道路 ＞ 道路防災情報 ＞ 道路啓開計画
http://www.mlit.go.jp/road/bosai/measures/index4.html

48) 国土交通省 東北地方整備局：記者発表資料 震災直後から，迅速に地元建設企業が活動を開始（平成 24 年 7 月 24 日）
http://www.thr.mlit.go.jp/bumon/kisya/kisyah/images/42180_1.pdf

49) 国土交通省 関東地方整備局ホームページ：首都直下地震道路啓開計画検討協議会 ＞ 首都直下地震道路啓開計画（改訂版）の概要
http://www.ktr.mlit.go.jp/ktr_content/content/000649582.pdf

50) 中部地方幹線道路協議会：「中部版くしの歯作戦」（平成 29 年 5 月改訂版）概要版，
http://www.cbr.mlit.go.jp/road/kanri-bunkakai/pdf/170519_kushinoha_pamphlet.pdf

51) 国土交通省 近畿地方整備局：南海トラフ地震に伴う津波浸水に関する和歌山県道路啓開協議会 資料 ～来たるべき巨大地震に備えて～救命・救助を支えるネットワーク計画の策定〈津波浸水に備えた道路啓開計画〉，https://www.kkr.mlit.go.jp/scripts/cms/kinan/infoset1/data/pdf/info_1/20160408_01.pdf

52) 四国道路啓開等協議会：平成 28 年 3 月 24 日四国広域道路啓開計画 概要版
http://www.skr.mlit.go.jp/road/dourokeikai/pdf1/gaiyouban.pdf

53) 国土交通省 九州地方整備局：九州道路啓開計画（初版）「九州東進作戦」を策定しました（平成 28 年 3 月 25 日）
http://www.qsr.mlit.go.jp/n-kisyahappyou/h28/data_file/1459001652.pdf

54) 国土交通省：日本鉄道史（H24.7.25 更新）
http://www.mlit.go.jp/common/000218983.pdf

55) 日本民営鉄道協会：鉄道豆知識 ＞ 鉄道用語辞典 た行 ＞ 鉄道事業
http://www.mintetsu.or.jp/knowledge/term/164.html

56) 国土交通省ホームページ：鉄道 ＞ 新幹線鉄道について
http://www.mlit.go.jp/tetudo/tetudo_fr1_000041.html

57) 国土交通省ホームページ：資料 2 鉄道行政の現状と課題について（補足資料）
http://www.mlit.go.jp/common/001039142.pdf

58) リニア中央新幹線ホームページ：リニア新幹線の概要
http://www.linear-chuo-shinkansen-cpf.gr.jp/gaiyo1.html

59) 国土交通省ホームページ：鉄道 ＞ 都市鉄道の整備

引 用 ・ 参 考 文 献

http://www.mlit.go.jp/tetudo/tetudo_tk4_000002.html

60) 国土交通省：資料3鉄道行政の現状と課題について
http://www.mlit.go.jp/common/001039144.pdf

61) 国土交通省ホームページ：鉄道＞都市鉄道の整備
http://www.mlit.go.jp/tetudo/tetudo_tk4_000002.html

62) 国土交通省ホームページ：鉄道＞地域鉄道対策
http://www.mlit.go.jp/tetudo/tetudo_tk5_000002.html

63) 国土交通省ホームページ：鉄道＞我が国の貨物鉄道輸送＞貨物鉄道輸送の特性と国内
貨物輸送における鉄道の役割
http://www.mlit.go.jp/tetudo/tetudo_tk2_000015.html

64) 国土交通省ホームページ：総合政策＞環境＞運輸部門における二酸化炭素排出量,
http://www.mlit.go.jp/sogoseisaku/environment/sosei_environment_tk_000007.html

65) 国土交通省ホームページ：鉄道＞鉄道の安全対策
http://www.mlit.go.jp/tetudo/tetudo_tk8_000003.html

66) 国土交通省ホームページ：第8回交通政策審議会陸上交通分科会鉄道部会, 資料2, 2.
東日本大震災における鉄道施設の防災対策の効果と今後の取組について
http://www.mlit.go.jp/common/000163084.pdf

67) 水野寿洋, 東 翔太：特集 構造物の耐震技術, 鉄道構造物の耐震性向上に向けて, RRR（鉄
道総合研究所）, **71**, 3, pp.4 ～ 7（2014）
http://bunken.rtri.or.jp/PDF/cdroms1/0004/2014/0004006011.pdf

68) 国土交通省：平成29年度行政事業レビューシート（国土交通省）
http://www.mlit.go.jp/common/001188471.pdf

69) 国土交通省 鉄道局：鉄軌道輸送の安全に関わる情報（平成28年度）平成29年6月,
http://www.mlit.go.jp/tetudo/tetudo_fr8_000024.html

70) 国土交通省ホームページ：報道発表資料＞平成27年度末における新幹線脱線対策の進
捗状況について
http://www.mlit.go.jp/report/press/tetsudo07_hh_000098.html

71) 国土交通省：報道発表資料＞平成27年度末における新幹線脱線対策の進捗状況につい
て, 別紙2, 新幹線脱線対策の進捗状況
http://www.mlit.go.jp/common/001126617.pdf

72) 国土交通省：水災害に関する防災・減災対策本部 地下空間の浸水対策地下街・地下鉄等
ワーキンググループ最終とりまとめ, p.2（平成27年8月26日）
http://www.mlit.go.jp/river/bousai/bousai-gensai/bousai-gensai/pdf/3kai-02-04.pdf

73) 国土交通省：水災害に関する防災・減災対策本部 地下空間の浸水対策 地下街・地下鉄
等ワーキンググループ 最終とりまとめ, p.12（平成27年8月26日）
http://www.mlit.go.jp/river/bousai/bousai-gensai/bousai-gensai/pdf/3kai-02-04.pdf

74) 国土交通省ホームページ：水管理・国土保全＞防災＞自衛水防（企業防災）＞地下空間
の浸水対策＞過去の浸水事例, http://www.mlit.go.jp/river/bousai/main/saigai/jouhou/
jieisuibou/bousai-gensai-suibou01-kako.html

75) 柴田悦子：戦後経済の流れと港湾政策の検討（前編・1982年まで）海事交通研究（山県

引 用 ・ 参 考 文 献

記念財団），**57**，pp.81 ～ 92（2008）
http://www.ymf.or.jp/wp-content/themes/yamagata/images/57_9.pdf

76）国土交通省：統計情報＞港湾関係統計データ 統計情報 港湾関係情報・データ 港湾管理者一覧表，平成 29 年 4 月 1 日現在，www.mlit.go.jp/common/001184495.pdf

77）日本海事広報協会：ものしりカモメの船講座，港の種類
http://www.kaijipr.or.jp/template_kids_pdf/upload/1382427043_1.pdf

78）土木学会 ハンドブック編集委員会 編：土木計画学ハンドブック，p.555，コロナ社（2017）

79）土木学会 ハンドブック編集委員会 編：土木計画学ハンドブック，pp.580 ～ 583，コロナ社（2017）

80）国土交通省：報道発表資料＞港湾における地震・津波対策のあり方（答申）の公表について「港湾における地震・津波対策のあり方（答申）」
http://www.mlit.go.jp/report/press/port07_hh_000033.html

81）引頭雄一：特集 交通社会資本整備の展望／論説，空港整備・運営の課題，国際交通安全学会誌，**33**，1，pp.42 ～ 49
http://www.iatss.or.jp/common/pdf/publication/iatss-review/33-1-09.pdf

82）運輸省（国土交通省）：昭和 61 年度運輸白書，第 3 章 第 3 節 1 空港整備五箇年計画，
http://www.mlit.go.jp/hakusyo/transport/shouwa61/ind000303/001.html

83）国土交通省ホームページ：政策・仕事＞航空＞空港一覧，空港分布図
http://www.mlit.go.jp/koku/15_bf_000310.html

84）土木学会 ハンドブック編集委員会 編：土木計画学ハンドブック，pp.534 ～ 542，コロナ社（2017）

85）国土交通省ホームページ：航空＞空港一覧
http://www.mlit.go.jp/koku/15_bf_000310.html

86）国土交通省ホームページ：「地震に強い空港のあり方検討委員会報告」について，地震に強い空港のあり方検討委員会報告
http://www.mlit.go.jp/kisha/kisha07/12/120427_.html

87）国土交通省ホームページ：政策・仕事＞航空＞空港政策
http://www.mlit.go.jp/koku/koku_tk1_000016.html

88）国土交通省航空局：南海トラフ地震等広域的災害を想定した空港施設の災害対策のあり方検討委員会（第 1 回），資料 2 これまでの検討経緯（地震対策・津波対策）（2014），
http://www.mlit.go.jp/common/001062703.pdf

89）国土交通省ホームページ：航空＞南海トラフ地震等広域的災害を想定した空港施設の災害対策のあり方検討委員会，とりまとめ（本文）
http://www.mlit.go.jp/koku/koku_fr9_000022.html

90）国土交通省ホームページ：下水道の歴史
http://www.mlit.go.jp/crd/city/sewerage/data/basic/rekisi.html

91）国土交通省ホームページ：旧下水道法成立から現行下水道法制定まで
http://www.mlit.go.jp/crd/sewerage/rekishi/02.html

92）国土交通省ホームページ：現行下水道法制定以降
http://www.mlit.go.jp/crd/sewerage/rekishi/03.html

引 用 ・ 参 考 文 献

93) 日本下水道協会ホームページ：スイスイランド 下水道の役割
http://www.jswa.jp/suisuiland/3-1.html

94) 国土交通省ホームページ：下水道 > 下水道のしくみと種類 > 下水道の構成と下水の排除方式，http://www.mlit.go.jp/crd/sewerage/shikumi/kousei-haijo.html

95) 国土交通省ホームページ：下水道 > 合流式下水道の改善
http://www.mlit.go.jp/mizukokudo/sewerage/crd_sewerage_tk_000136.html

96) 国土交通省ホームページ：下水道のしくみと種類 > 下水道の種類，下水道・汚水処理施設の種類，http://www.mlit.go.jp/common/001149764.pdf

97) 国土交通省ホームページ：下水道のしくみと種類 > 下水道と他の汚水処理施設
http://www.mlit.go.jp/mizukokudo/sewerage/mizukokudo_sewerage_tk_000418.html

98) 国土交通省ホームページ：下水道のしくみと種類 > 下水道の種類
http://www.mlit.go.jp/mizukokudo/sewerage/mizukokudo_sewerage_tk_000419.html

99) 国土交通省ホームページ：報道発表資料 > 汚水処理人口普及率が 90 ％を突破しました！，http://www.mlit.go.jp/report/press/mizukokudo13_hh_000352.html

100) 国土交通省：下水道総合浸水対策緊急事業実施要綱
http://www.mlit.go.jp/crd/city/sewerage/yakuwari/sinsui01.pdf

101) 国土交通省 都市・地域整備局下水道部，社団法人日本下水道協会：下水道地震対策緊急整備計画策定の手引き（案）（平成 18 年 4 月）
http://www.mlit.go.jp/crd/city/sewerage/info/jisin/060428/01.pdf

102) 国土交通省ホームページ：水国土・国土保全 > 下水道 > 安心・安全の確保に向けた総合事業実施状況
http://www.mlit.go.jp/mizukokudo/sewerage/crd_sewerage_tk_000010.html

103) 国土交通省ホームページ：下水道 > 地震対策の推進
http://www.mlit.go.jp/mizukokudo/sewerage/crd_sewerage_tk_000133.html

104) 国土交通省ホームページ：報道発表資料 > 下水道事業の災害対応力を強化します，
http://www.mlit.go.jp/report/press/mizukokudo13_hh_000356.html

105) 国土交通省：下水道総合浸水対策緊急事業実施要綱
http://www.mlit.go.jp/crd/city/sewerage/yakuwari/sinsui01.pdf

106) 後藤彌彦：水道法の歩みと水質汚濁防止，Hosei University Repository，p.2
http://repo.lib.hosei.ac.jp/bitstream/10114/8659/1/13_nkr_14-2_goto.pdf

107) 株式会社ジャパンウォーターホームページ：日本国内の水道事業の歴史と現状の課題，
https://www.japanwater.co.jp/concession/basic/basic2

108) 後藤彌彦：水道法の歩みと水質汚濁防止，Hosei University Repository，p.5
http://repo.lib.hosei.ac.jp/bitstream/10114/8659/1/13_nkr_14-2_goto.pdf

109) 後藤彌彦：水道法の歩みと水質汚濁防止，Hosei University Repository，p.6
http://repo.lib.hosei.ac.jp/bitstream/10114/8659/1/13_nkr_14-2_goto.pdf

110) 東京都水道局ホームページ：水道事業紹介東京の水道の概要東京の水道・その歴史と将来，https://www.waterworks.metro.tokyo.jp/suidojigyo/gaiyou/rekishi.html

111) 後藤彌彦：水道法の歩みと水質汚濁防止，Hosei University Repository，pp.15 〜 16，
http://repo.lib.hosei.ac.jp/bitstream/10114/8659/1/13_nkr_14-2_goto.pdf

引 用 ・ 参 考 文 献

112) 国土交通省水管理・国土保全局水資源部：日本の水，p.7（2014）
http://www.mlit.go.jp/common/001035083.pdf

113) 国土交通省ホームページ：日本の水資源の現状・課題＞水資源の開発
http://www.mlit.go.jp/tochimizushigen/mizsei/c_actual/actual04.html

114) 国土交通省ホームページ：平成 29 年版　日本の水資源の現況，第 2 章 水資源の利用状況，pp.6 ～ 7，http://www.mlit.go.jp/common/001209915.pdf

115) 国土交通省：平成 29 年版日本の水資源の現況，第 3 章 水の適正な利用の推進，p.23，http://www.mlit.go.jp/common/001211433.pdf

116) 国土交通省ホームページ：日本の水資源の現状・課題＞水資源の開発，図－生活用水にしめる開発水量の割合
http://www.mlit.go.jp/tochimizushigen/mizsei/c_actual/images/04-03.gif

117) 国土交通省：水管理・国土保全＞水資源＞平成 29 年版日本の水資源の現況，第 3 章 水の適正な利用の推進，p.35，http://www.mlit.go.jp/common/001211433.pdf

118) 国土交通省：政策・仕事＞水管理・国土保全＞水資源＞平成 29 年版日本の水資源の現況，第 3 章 水の適正な利用の推進，p.37
http://www.mlit.go.jp/common/001211433.pdf

119) 国土交通省：政策・仕事＞水管理・国土保全＞水資源＞平成 29 年版日本の水資源の現況，第 3 章 水の適正な利用の推進，p.38
http://www.mlit.go.jp/common/001211433.pdf

120) 水道技術研究センター：日本の水道の概要
http://www.jwrc-net.or.jp/aswin/projects-activities/trainee_files/20101027_01.pdf

121) 厚生労働省ホームページ：健康＞水道対策＞水道の基本統計
www.mhlw.go.jp/stf/seisakunitsuite/bunya/topics/bukyoku/kenkou/suido/database/kihon/index.html

122) 厚生労働省ホームページ：政策について＞分野別の政策一覧＞健康・医療＞健康＞水道対策＞新水道ビジョン・水道事業ビジョン（地域水道ビジョン）＞新水道ビジョンポータルサイト＞新水道ビジョンについて
http://www.mhlw.go.jp/seisakunitsuite/bunya/topics/bukyoku/kenkou/suido/newvision/1_0_suidou_newvision.htm

123) 厚生労働省ホームページ：健康＞水道対策＞水道施設の耐震化の推進
http://www.mhlw.go.jp/stf/seisakunitsuite/bunya/topics/bukyoku/kenkou/suido/taishin/index.html

124) 厚生労働省：水質汚染事故による水道の被害及び水道の異臭味被害状況について，
http://www.mhlw.go.jp/file/06-Seisakujouhou-10900000-Kenkoukyoku/0000079071.pdf

125) 厚生労働省：参考資料 5 水道事業体による危機管理対策関係資料
http://www.mhlw.go.jp/topics/bukyoku/kenkou/suido/kentoukai/dl/s_sankou05.pdf

126) 厚生労働省：水質汚染事故対策マニュアル策定指針
http://www.mhlw.go.jp/topics/bukyoku/kenkou/suido/kikikanri/dl/chosa-0603_03a.pdf

127) 厚生労働省ホームページ：政策について＞分野別の政策一覧＞健康・医療＞健康＞水道対策＞報告書・手引き等＞「水道の危機管理対策指針策定調査報告書」について

http://www.mhlw.go.jp/topics/bukyoku/kenkou/suido/kikikanri/chosa-0603.html

128) 厚生労働省ホームページ：水道対策＞水道水質情報＞水安全計画について
http://www.mhlw.go.jp/stf/seisakunitsuite/bunya/topics/bukyoku/kenkou/suido/suishitsu/07.html

129) 厚生労働省：平成29年度全国水道関係担当者会議資料【資料編】平成30年3月8日，Slide 150, http://www.mhlw.go.jp/file/06-Seisakujouhou-11130500-Shokuhinanzenbu/0000197001.pdf

130) 国土交通省：日本の水資源，平成21年版日本の水資源 第Ⅱ編 第6章 水資源と環境，pp.103 ～ 106
http://www.mlit.go.jp/tochimizushigen/mizsei/hakusyo/H21/2-6.pdf

131) 国土交通省：国土交通省防災業務計画（平成29年7月修正）第13編 河川水質事故災害対策編，http://www.mlit.go.jp/common/001036319.pdf

132) 電気事業連合会ホームページ：電気事業について＞電気の歴史（日本の電気事業と社会）＞明治時代（1868 ～ 1911年）
http://www.fepc.or.jp/enterprise/rekishi/meiji/index.html

133) 電気事業連合会ホームページ：電気事業について＞電気の歴史（日本の電気事業と社会）＞大正から昭和へ（1912 ～ 1945年）
http://www.fepc.or.jp/enterprise/rekishi/taishou/index.html

134) 電気事業連合会ホームページ：電気事業について＞電気の歴史（日本の電気事業と社会）＞昭和後期–1（1950 ～ 1954年）
http://www.fepc.or.jp/enterprise/rekishi/shouwa1950/index.html

135) 電気事業連合会ホームページ：電気事業について＞電気の歴史（日本の電気事業と社会）＞昭和後期–1（1955 ～ 1959年）
http://www.fepc.or.jp/enterprise/rekishi/shouwa1955/index.html

136) 経済産業省 資源エネルギー庁：電気事業分科会 第1回制度改革評価小委員会 配布資料一覧 資料5 電気事業制度の沿革について，2005年10月
www.enecho.meti.go.jp/committee/council/electric_power_industry_subcommittee/009_001/pdf/001_007.pdf

137) 沖縄電力ホームページ：会社情報 会社案内 当社の歩み（沿革）
https://www.okiden.co.jp/company/guide/history/

138) 経済産業省 資源エネルギー庁ホームページ：政策について＞電力・ガス＞電気料金及び電気事業制度について＞電気事業制度の概要
http://www.enecho.meti.go.jp/category/electricity_and_gas/electric/summary/

139) 経済産業省 資源エネルギー庁ホームページ：政策について＞電力・ガス＞電気料金及び電気事業制度について＞電力システム改革について，http://www.enecho.meti.go.jp/category/electricity_and_gas/electric/system_reform.html

140) 経済産業省 資源エネルギー庁ホームページ：平成28年度エネルギーに関する年次報告（エネルギー白書2017）＞第2部 エネルギー動向 / 第1章 国内エネルギー動向 / 第4節 二次エネルギーの動向
http://www.enecho.meti.go.jp/about/whitepaper/2017html/2-1-4.html

引 用 ・ 参 考 文 献 213

141) 電力中央研究所，栗原郁夫：発表1 自然災害と電気の安定供給，「自然災害に備える」エネルギー未来技術フォーラム（2005.11.2），pp.2 〜 3
https://criepi.denken.or.jp/result/event/forum/2005/e-f-2005.pdf

142) 電気事業連合会：電気事業のデータベース（INFOBASE），b–電力設備，b–16 停電時間と停電回数，http://www.fepc.or.jp/library/data/infobase/pdf/06_b.pdf

143) 電気事業連合会ホームページ：電気事業について＞安定供給に向けた取り組み＞停電の少ない安定した電気，http://www.fepc.or.jp/enterprise/supply/antei/

144) 電力中央研究所，栗原郁夫：発表1 自然災害と電気の安定供給，「自然災害に備える」エネルギー未来技術フォーラム（2005.11.2），p.4
https://criepi.denken.or.jp/result/event/forum/2005/e-f-2005.pdf

145) 経済産業省 資源エネルギー庁：電気設備地震対策ＷＧ報告書の概要について，平成 24 年 3 月，http://www.meti.go.jp/policy/safety_security/industrial_safety/shingikai/120/8/gaiyou.pdf

146) 経済産業省ホームページ：産業構造審議会 保安分科会 産業構造審議会 保安分科会 電力安全小委員会 電気設備自然災害等対策ワーキンググループ–中間報告書，(1)，p.6，http://www.meti.go.jp/committee/sankoushin/hoan/denryoku_anzen/denki_setsubi_wg/report_01.html

147) 経済産業省ホームページ：産業構造審議会 保安分科会 産業構造審議会 保安分科会 電力安全小委員会 電気設備自然災害等対策ワーキンググループ–中間報告書，(1)，pp.7 〜 10，http://www.meti.go.jp/committee/sankoushin/hoan/denryoku_anzen/denki_setsubi_wg/report_01.html

148) 経済産業省ホームページ：産業構造審議会 保安分科会 産業構造審議会 保安分科会 電力安全小委員会 電気設備自然災害等対策ワーキンググループ–中間報告書，(1)，pp.11 〜 14，http://www.meti.go.jp/committee/sankoushin/hoan/denryoku_anzen/denki_setsubi_wg/report_01.html

149) 経済産業省 資源エネルギー庁：エネルギー白書＞平成 28 年度エネルギーに関する年次報告（エネルギー白書 2017），第 3 部 第 7 章 第 2 節「国内危機」（災害リスク等）への対応強化，http://www.enecho.meti.go.jp/about/whitepaper/2017html/

150) 経済産業省資源エネルギー庁ホームページ：スペシャルコンテンツ＞特集記事＞石油がとまると何が起こるのか？ 〜歴史から学ぶ，日本のエネルギー供給のリスク？，http://www.enecho.meti.go.jp/about/special/tokushu/anzenhosho/kasekinenryo.html

151) 電力ガスのサイト：電気・ガスに関する知識＞ガスに関する知識
https://denryoku-gas.jp/info/gas/history-of-industry

152) 東京ガス株式会社ホームページ：GAS MUSEUM＞ガスミュージアムについて＞東京ガスの歴史，http://www.gasmuseum.jp/about/history/

153) 経済産業省 資源エネルギー庁 資源・燃料部 石炭課長 國友宏俊：我が国石炭政策の歴史と現状（2009）
http://www.enecho.meti.go.jp/category/resources_and_fuel/coal/japan/pdf/23.pdf

154) セレクトラ・ジャパン株式会社のホームページ：電気・ガスの基礎知識＞ガス，ガス事業法と規制緩和，https://selectra.jp/info/learn/gas-kaikaku

引 用 ・ 参 考 文 献

155) 石油連盟：統計情報，今日の石油産業データ集，今日の石油産業 2017，p. 11
http://www.paj.gr.jp/statis/data/data/2017_data.pdf

156) 石油連盟：統計情報，今日の石油産業データ集，今日の石油産業 2017，p. 42
http://www.paj.gr.jp/statis/data/data/2017_data.pdf

157) 経済産業省 資源エネルギー庁：資源・燃料部：石油産業の現状と課題，p.5（2014）
http://www.meti.go.jp/committee/sougouenergy/shigen_nenryo/sekiyu_gas/
pdf/001_03_00.pdf

158) 石油連盟：統計情報，今日の石油産業データ集，今日の石油産業 2017，p. 13
http://www.paj.gr.jp/statis/data/data/2017_data.pdf

159) 経済産業省：資料 5 ガス事業の現状，p.1
http://www.meti.go.jp/committee/sougouenergy/kihonseisaku/gas_system/pdf/01_05_00.
pdf

160) 経済産業省：資料 5 ガス事業の現状，p.4
http://www.meti.go.jp/committee/sougouenergy/kihonseisaku/gas_system/pdf/01_05_00.
pdf

161) 経済産業省：資料 5 ガス事業の現状，pp.7 ～ 8
http://www.meti.go.jp/committee/sougouenergy/kihonseisaku/gas_system/pdf/01_05_00.
pdf

162) 経済産業省：資料 5 ガス事業の現状，p.9
http://www.meti.go.jp/committee/sougouenergy/kihonseisaku/gas_system/pdf/01_05_00.
pdf

163) 経済産業省 資源エネルギー庁ホームページ：政策について＞電力・ガス＞ガス事業制
度について＞ガス事業制度の概要
http://www.enecho.meti.go.jp/category/electricity_and_gas/gas/summary/

164) 日本ガス協会ホームページ：安全・安心への取り組み＞都市ガス事業者の地震対策，
http://www.gas.or.jp/anzen/taisaku/

165) 総務省ホームページ：情報通信白書平成 29 年版，第 2 部 第 6 章 第 1 節 6 電気通信市
場の動向（1）市場規模
http://www.soumu.go.jp/johotsusintokei/whitepaper/ja/h29/html/nc261610.html

166) 総務省総合通信基盤局電気通信事業部事業政策課：資料 1–2 電気通信事業分野におけ
る市場の動向，p.5（平成 28 年 5 月 13 日）
http://www.soumu.go.jp/main_content/000418795.pdf

167) 総務省ホームページ：情報通信白書平成 29 年版，第 2 部 第 2 節 1 インターネットの利
用動向（1）情報通信機器の普及状況
http://www.soumu.go.jp/johotsusintokei/whitepaper/ja/h29/html/nc262110.html

168) 総務省ホームページ：情報通信白書平成 29 年版，第 2 部 第 2 節 1 インターネットの利
用動向（2）インターネットの普及状況
http://www.soumu.go.jp/johotsusintokei/whitepaper/ja/h29/html/nc262120.html

169) 総務省ホームページ：地方支分部局＞関東総合通信局＞放送＞ラジオ放送の概要，
http://www.soumu.go.jp/soutsu/kanto/bc/radio/gaiyo/

引 用 ・ 参 考 文 献　　　　215

170）総務省ホームページ：地方支分部局＞関東総合通信局＞放送＞テレビジョン放送事業，
　　http://www.soumu.go.jp/soutsu/kanto/bc/tv/gaiyo/index.html

171）総務省ホームページ：地方支分部局＞関東総合通信局＞放送＞マルチメディア放送
　　（V-Low）の概要
　　http://www.soumu.go.jp/soutsu/kanto/bc/multi/gaiyo/index.html

172）総務省：情報通信白書平成 29 年版，第 1 部 第 5 章 第 1 節 1 ① 被災地域における情報
　　伝達と ICT（平成 24 年（2012 年）版情報通信白書より）
　　http://www.soumu.go.jp/johotsusintokei/whitepaper/ja/h29/pdf/n5100000.pdf

173）総務省：情報通信白書平成 29 年版，第 1 部 第 5 章 第 1 節 2 東日本大震災以降の ICT
　　利用環境の変化
　　http://www.soumu.go.jp/johotsusintokei/whitepaper/ja/h29/pdf/n5100000.pdf

174）総務省：情報通信白書平成 29 年版，第 1 部 第 5 章 第 2 節 3 ① 災害に強い ICT インフ
　　ラに向けた電気通信事業者の取組
　　http://www.soumu.go.jp/johotsusintokei/whitepaper/ja/h29/pdf/n5200000.pdf

175）総務省：情報通信白書平成 29 年版，第 1 部 第 5 章 第 2 節 2 ② 被災地域における災害
　　情報等伝達に役に立った手段
　　http://www.soumu.go.jp/johotsusintokei/whitepaper/ja/h29/pdf/n5200000.pdf

176）総務省：情報通信白書平成 29 年版，第 1 部 第 5 章 第 4 節 1 被災地域における情報伝達・
　　情報共有と ICT の役割
　　http://www.soumu.go.jp/johotsusintokei/whitepaper/ja/h29/pdf/n5400000.pdf

177）総務省：情報通信白書平成 29 年版
　　http://www.soumu.go.jp/johotsusintokei/whitepaper/h29.html

178）総務省ホームページ：「災害医療・救護活動において確保されるべき非常用通信手段に
　　関するガイドライン」の公表
　　http://www.soumu.go.jp/menu_news/s-news/01tsushin03_02000176.html

179）総務省：情報通信白書平成 29 年版，第 1 部 第 5 章 第 4 節 2 ① SNS 情報やビッグデー
　　タの積極的な活用
　　http://www.soumu.go.jp/johotsusintokei/whitepaper/ja/h29/pdf/n5400000.pdf

180）総務省：情報通信白書平成 29 年版，第 1 部 第 5 章 第 3 節 2 住民による情報発信（SNS）
　　http://www.soumu.go.jp/johotsusintokei/whitepaper/ja/h29/pdf/n5300000.pdf

181）総務省：情報通信白書平成 29 年版，第 1 部 第 5 章 第 3 節 4 多様な情報発信・情報共
　　有手段の補完的利用
　　http://www.soumu.go.jp/johotsusintokei/whitepaper/ja/h29/pdf/n5300000.pdf

182）総務省：情報通信白書平成 29 年版，第 1 部 第 5 章 第 4 節 2 ② L アラートと L 字型画
　　面やデータ放送を活用した間接広報
　　http://www.soumu.go.jp/johotsusintokei/whitepaper/ja/h29/pdf/n5400000.pdf

183）総務省：情報通信白書平成 29 年版，第 1 部 第 5 章 第 3 節 1 ② L アラート等の間接広
　　報の入力状況
　　http://www.soumu.go.jp/johotsusintokei/whitepaper/ja/h29/pdf/n5300000.pdf

お わ り に

　政府や自治体による災害対策が公助であるとすれば，地域住民が個人で行う災害対策は自助であり，災害対策のための地域の活動や近所の住民どうしの助け合いは，共助，互助と呼ぶことができる。

　大きな災害であればあるほど，想定外の事態が発生することもあり，行政は手が回らなくなる。災害が起きたとき，まっさきに力を発揮するのは現場にいる人たちである。したがって，自助や共助の防災力を高めるとともに，そのためには，個人一人ひとりが防災意識を高め，知識を深めておくことが重要である。

　また，社会はその活動を社会基盤（インフラストラクチャー）によって支えられている。人々の生活や社会活動を支える電気や通信，ガス，水道，そして交通手段である鉄道，道路，港湾，空港などのライフラインは，災害や事故から防護しなければならない重要な社会基盤である。平時においては，空気のように当たり前に存在し，縁の下の力持ちとして機能しているライフラインは，その利用者である人々からあまり関心を持たれることはない。しかし，ひとたび災害などによって機能しなくなってしまうと社会的経済的影響は甚大である。そのため，ライフラインに対する人々の関心を高め，着実な整備と適切な維持管理や防護について理解を深めることが重要である。

　本書の執筆を終えた7月，西日本を中心に死者が200人を超える大水害が発生した。この豪雨災害は，防災インフラの整備，ライフラインの防護を含む事前防災の重要性を再認識させるとともに，災害時の情報伝達や避難誘導の方法などについてさまざまな問題を提起した。今後，防災・危機管理分野のさらなる研究の深化が求められる。

　2018年8月

木下　誠也

用　語　索　引

【あ行】

アーク灯　169
安政江戸地震　2
安政東海地震　2
安政南海地震　2
アンダーパス　124
伊勢湾台風　4
雨水浸透施設　55
雨水貯留施設　55
雨水貯留浸透施設　54
液状化　43
江戸大暴風雨　2
延焼危険性　40
オイルショック　179
大津波警報　17
汚水処理　152

【か行】

海溝型地震　1
火口周辺警報　29
火山機動観測班　28
火山災害警戒地域　32
火山ハザードマップ　31
火山噴火予知連絡会　28
火山防災マップ　31
活断層型地震　1
貨物鉄道輸送　131
簡易水道事業　162
関東大震災　4
危機管理対策マニュアル
　策定指針　165
気候変動に関する政府間
　パネル　34
気象情報　23

共　助　60
緊急災害対策派遣隊　73, 108
緊急地震速報　14
空港整備五箇年計画　143
熊本地震　12
警戒が必要な範囲　28, 31
計画停電　180
警　報　24
下水道地震対策緊急整備
　計画　153
下水道地震対策緊急整備
　事業　153
下水道浸水被害軽減
　総合事業　155
下水道総合地震対策事業
　　153
下水道総合浸水対策
　緊急事業　155
現在地救助の原則　76
現物給付の原則　75
元禄地震　2
広域緊急援助隊　72
高規格幹線道路　119
高規格堤防　57
公共下水道　150
公　助　60
公有民営方式　131
港湾計画　139
国際拠点港湾　139
国際戦略港湾　139
国　鉄　126
孤立集落　35

【さ行】

災害時石油供給連携計画
　　183
災害時相互応援協定策定
　マニュアル　165
災害対策用移動通信機器　191
災害派遣　73
災害への事前の備え　89
相模・武蔵地震　2
自　助　60
地震時等に著しく危険な
　密集市街地　40
地震に強い空港のあり方
　　144
自動起動ラジオ　190
社会資本整備総合給付金　56
住生活基本計画　48
住民拠点SS　183
重要港湾　139
首都直下地震　33
首都直下地震緊急対策
　推進基本計画　48
貞観地震　1
上水道事業　162
消防救助機動部隊　73
消防団　67
昭和の三大台風　4
職権救助の原則　76
浸水対策　52
浸水被害対策区域　54, 55
浸水被害対策区域制度　54
人命保護の方策　145
水害サミット　90

用 語 索 引

水質汚染事故対策
マニュアル策定指針 165
水道施設・管路耐震性
改善運動 164
水道耐震化推進プロジェクト
164
水道の耐震化計画等
策定指針 164
水防管理団体 68
水防団 69
スマートフォン 185
整備計画 128
整備新幹線 128
全国瞬時警報システム 21
全般気象情報 23
早期復旧計画 146
早期復旧対策 145

【た行】

第1次道路整備五箇年計画
116
大規模盛土造成地 41
耐震シェルター 50
耐震診断 47
耐震性に係る表示制度 49
耐震対策緊急促進事業 49
地域鉄道 130
地域鉄道事業者 130
地域防災計画 31, 160
治水対策 50
地方気象情報 23
地方港湾 139
注意報 24
津波警報 17
データ放送 192
電気の日 169
導管供給方式 182
東北地方太平洋沖地震
9, 106
特定緊急水防活動 70
特定地域都市浸水被害
対策計画 56

特定都市河川 51
特別警報 24
都市下水路 150
都市鉄道 129
土砂災害危険箇所 25
土砂災害警戒区域 25
土砂災害警戒情報 26
土砂災害特別警戒区域 25
とるべき防災対応 31

【な行】

南海トラフ地震防災対策
推進基本計画 48
仁和地震 2
濃尾地震 3

【は行】

ハイパーレスキュー隊 73
パソコン 185
発災後の対応 89
発災直前の対応 89
阪神・淡路大震災 7, 103
飛越地震 3
東日本大震災 10, 106
非常用通信 191
必要即応の原則 75
避難勧告 97
避難計画 146
避難困難性 40
避難指示 97
避難準備・高齢者等
避難開始 100
兵庫県南部地震 7, 103
平等の原則 75
福井地震 4
府県気象情報 23
噴火警報 29
噴火予報 29
宝永地震 2
宝永噴火 2
防災・安全交付金 56
防災行政無線 19

防災集団移転促進事業 39
防災都市づくり計画 45
防災都市づくり計画
策定指針 45
防災都市づくり計画の
モデル計画及び同解説 45

【ま行】

枕崎台風 4
水安全計画 167
室戸台風 4
明治三陸地震 3
メンテナンス元年 120
モバイル端末 185

【ら行】

ライフライン 102
罹災証明書 79
リニア中央新幹線 129
流域下水道 150
流域水害対策計画 51
臨時災害放送局 191

【英数】

D–SUMM 192
DISAANA 192
G アラート 154
HACCP 167
ICT メディア 189
IPCC 34
J アラート 21
L アラート 192
L 字型画面 192
P 波 16
SNS 191
SS 過疎地 182
S 波 16
TEC–FORCE 73, 108
V–ALERT 188
100 mm/h 安心プラン 56

法 律 名 索 引

【あ行】

液石法　179
沖縄振興開発特別措置法
　170

【か行】

ガス事業法　179
過疎地域活性化特別措置法
　152
活動火山対策特別措置法　31
環境基本法　148
空港整備法　142
警察官職務執行法　72
警察法　71
下水道法　54, 147, 149, 157
原子力委員会設置法　170
原子力基本法　170
公害対策基本法　148
公共用水域の水質の保全に
　関する法律　157
工業用水道法　157
航空法　142
工場排水等の規制に
　関する法律　157
港湾法　117, 138
国鉄改革関連8法　127
国土総合開発法　119
国民保護法　64
湖沼水質保全特別措置法
　148
国家総動員法　169

【さ行】

災害救助法　71, 74

災害対策基本法
　9, 45, 60, 71, 74
自衛隊法　73
社会資本整備重点計画法　116
住生活基本法　40
消防組織法　64, 72
消防団を中核とした地域
　防災力の充実強化に
　関する法律　64
消防法　72
水質汚濁防止法　148
水道原水水質保全事業の
　実施の促進に関する
　法律　148
水道条例　156
水道法　157
水防法　38, 68
石油業法　178
石油需給適正化法　179
石油備蓄法　179
全国新幹線鉄道整備法　127
総理府設置法　170

【た行】

大規模災害復興法　13
耐震改修促進法　48
宅地造成等規制法　42
地方公務員法　67
地方鉄道軌道整備法　126
地方鉄道法　127
津波防災地域づくりに
　関する法律　58
鉄道国有法　126
鉄道事業法　127
鉄道敷設法　126

電気事業法　169, 170
電気に関する臨時措置に
　関する法律　170
電源開発促進法　170
電波法　186
道路運送法　117
道路整備特別措置法　116
道路法　116
特定水道利水障害の防止
　のための水道水源水域
　の水質の保全に関する
　特別措置法　148
特定都市河川浸水被害
　対策法　51, 55
都市計画法　39
都市鉄道等利便増進法　129
土砂災害防止法　13, 25

【な行】

南海トラフ地震対策
　特別措置法　39
日本国有鉄道法　126
日本鉄道建設公団法　128

【は行】

被災者生活再建支援法　78
放送法　186

【ま行】

密集市街地整備法　40
明治憲法　156

―― 著者略歴 ――

1976年 東京大学工学部土木工学科卒業
1978年 東京大学大学院工学系研究科修士課程修了（土木工学専門課程）
1978年 建設省入省（2001年より国土交通省）
2008年 国土交通省近畿地方整備局長
2010年 愛媛大学防災情報研究センター教授
2011年 博士（工学）（東京大学）
2014年 日本大学生産工学部教授
2016年 日本大学危機管理学部教授
　　　 現在に至る

地域防災とライフライン防護
Regional Disaster Management and Preservation of Lifelines　ⓒ Seiya Kinoshita 2018

2018年10月18日　初版第1刷発行　　　　　　　　　　　　　　　　★

検印省略	著　者	木　下　誠　也
	発行者	株式会社　コロナ社
		代表者　牛来真也
	印刷所	三美印刷株式会社
	製本所	有限会社　愛千製本所

112-0011　東京都文京区千石4-46-10
発行所　株式会社　コロナ社
CORONA PUBLISHING CO., LTD.
Tokyo Japan
振替 00140-8-14844・電話(03)3941-3131(代)
ホームページ　http://www.coronasha.co.jp

ISBN 978-4-339-05261-9　C3051　Printed in Japan　　　　　　　　（中原）

JCOPY　＜出版者著作権管理機構　委託出版物＞
本書の無断複製は著作権法上での例外を除き禁じられています。複製される場合は，そのつど事前に，
出版者著作権管理機構（電話 03-3513-6969，FAX 03-3513-6979，e-mail: info@jcopy.or.jp）の許諾を
得てください。

本書のコピー，スキャン，デジタル化等の無断複製・転載は著作権法上での例外を除き禁じられています。
購入者以外の第三者による本書の電子データ化および電子書籍化は，いかなる場合も認めていません。
落丁・乱丁はお取替えいたします。

土木・環境系コアテキストシリーズ

（各巻A5判）

■編集委員長　日下部　治
■編集委員　小林　潔司・道奥　康治・山本　和夫・依田　照彦

	配本順			頁	本体
共通・基礎科目分野					
A-1	(第9回)	土木・環境系の力学	斉木　功著	208	2600円
A-2	(第10回)	土木・環境系の数学 ―数学の基礎から計算・情報への応用―	堀市　宗朗 村　強 共著	188	2400円
A-3	(第13回)	土木・環境系の国際人英語	井合　進 R. Scott Steedman 共著	206	2600円
A-4		土木・環境系の技術者倫理	藤原　章正 木村　定雄 共著		
土木材料・構造工学分野					
B-1	(第3回)	構　造　力　学	野村　卓史著	240	3000円
B-2	(第19回)	土　木　材　料　学	中村　聖三 奥松　俊博 共著	192	2400円
B-3	(第7回)	コンクリート構造学	宇治　公隆著	240	3000円
B-4	(第4回)	鋼　構　造　学	舘石　和雄著	240	3000円
B-5		構　造　設　計　論	佐藤　尚次 香月　智 共著		
地盤工学分野					
C-1		応　用　地　質　学	谷　和夫著		
C-2	(第6回)	地　盤　力　学	中野　正樹著	192	2400円
C-3	(第2回)	地　盤　工　学	髙橋　章浩著	222	2800円
C-4		環　境　地　盤　工　学	勝見　武 乾　徹 共著		
水工・水理学分野					
D-1	(第11回)	水　理　学	竹原　幸生著	204	2600円
D-2	(第5回)	水　文　学	風間　聡著	176	2200円
D-3	(第18回)	河　川　工　学	竹林　洋史著	200	2500円
D-4	(第14回)	沿　岸　域　工　学	川崎　浩司著	218	2800円
土木計画学・交通工学分野					
E-1	(第17回)	土　木　計　画　学	奥村　誠著	204	2600円
E-2	(第20回)	都市・地域計画学	谷下　雅義著	236	2700円
E-3	(第12回)	交　通　計　画　学	金子　雄一郎著	238	3000円
E-4		景　観　工　学	川﨑　雅史 久保田　善明 共著		
E-5	(第16回)	空　間　情　報　学	須畑　崎　山純　則一 満 共著	236	3000円
E-6	(第1回)	プロジェクトマネジメント	大津　宏康著	186	2400円
E-7	(第15回)	公共事業評価のための経済学	石　倉　智樹 横松　宗太 共著	238	2900円
環境システム分野					
F-1		水　環　境　工　学	長岡　裕著		
F-2	(第8回)	大　気　環　境　工　学	川上　智規著	188	2400円
F-3		環　境　生　態　学	西村　修 山田　裕己 中野　岡典 共著		
F-4		廃　棄　物　管　理　学	島岡　隆行 中山　裕文 共著		
F-5		環　境　法　政　策　学	織　朱實著		

定価は本体価格＋税です。
定価は変更されることがありますのでご了承下さい。

図書目録進呈◆

環境・都市システム系教科書シリーズ

(各巻A5判，欠番は品切です)

■編集委員長　澤　孝平
■幹　　　事　角田　忍
■編集委員　荻野　弘・奥村充司・川合　茂
　　　　　　嵯峨　晃・西澤辰男

配本順		著者	頁	本体
1.（16回）	シビルエンジニアリングの第一歩	澤 孝平・嵯峨 晃 川合 茂・角田 忍 荻野 弘・奥村充司 共著 西澤辰男	176	2300円
2.（1回）	コンクリート構造	角田 忍 竹村和夫 共著	186	2200円
3.（2回）	土　質　工　学	赤木知之・吉村優治 上 俊二・小堀慈久 共著 伊東 孝	238	2800円
4.（3回）	構　造　力　学　I	嵯峨 晃・武田八郎 原 隆・勇 秀憲 共著	244	3000円
5.（7回）	構　造　力　学　II	嵯峨 晃・武田八郎 原 隆・勇 秀憲 共著	192	2300円
6.（4回）	河　川　工　学	川合 茂・和田 清 神田佳一・鈴木正人 共著	208	2500円
7.（5回）	水　　理　　学	日下部重幸・檀 和秀 湯城豊勝 共著	200	2600円
8.（6回）	建　設　材　料	中嶋清実・角田 忍 菅原 隆 共著	190	2300円
9.（8回）	海　岸　工　学	平山秀夫・辻本剛三 島田富美男・本田尚正 共著	204	2500円
10.（9回）	施　工　管　理　学	友 久 誠 司 竹 下 治 之 共著	240	2900円
11.（21回）	改訂 測　量　学　I	堤　　　隆著	224	2800円
12.（22回）	改訂 測　量　学　II	岡林 巧・堤 隆 山田貫浩・田中龍児 共著	208	2600円
13.（11回）	景　観　デ　ザ　イ　ン ―総合的な空間のデザインをめざして―	市坪 誠・小川総一郎 谷平 考・砂本文彦 共著 溝上裕二	222	2900円
15.（14回）	鋼　構　造　学	原 隆・山口隆司 北原武嗣・和多田康男 共著	224	2800円
16.（15回）	都　市　計　画	平田登基男・亀野辰三 宮腰和弘・武井幸久 共著 内田一平	204	2500円
17.（17回）	環　境　衛　生　工　学	奥 村 充 司 大久保 孝 樹 共著	238	3000円
18.（18回）	交　通　シ　ス　テ　ム　工　学	大橋健一・柳澤吉保 髙岸節夫・佐々木恵一 日野 智・折田仁典 共著 宮腰和弘・西澤辰男	224	2800円
19.（19回）	建　設　シ　ス　テ　ム　計　画	大橋健一・荻野 弘 西澤辰男・柳澤吉保 鈴木正人・伊藤 雅 共著 野田宏治・石内鉄平	240	3000円
20.（20回）	防　災　工　学	渕田邦彦・疋田 誠 檀 和秀・吉村優治 共著 塩野計司	240	3000円
21.（23回）	環　境　生　態　工　学	宇 野 宏 司 渡 部 守 義 共著	230	2900円

定価は本体価格＋税です。
定価は変更されることがありますのでご了承下さい。

図書目録進呈◆